Thiede – Wasservögel · Strandvögel

BLV Naturführer:

Band 1 Tagfalter
Band 2 Nachtfalter
Band 3 Pilze
Band 4 Vögel
Band 5 Alpenblumen
Band 6 Heimische Pflanzen 1
Band 7 Strand + Küste
Band 8 Aquarienfische
Band 9 Mineralien
Band 10 Heimische Pflanzen 2
Band 11 Insekten
Band 12 Säugetiere
Band 13 Fische
Band 14 Giftpflanzen, Gifttiere
Band 15 Wasservögel, Strandvögel

und in der Reihe

BLV Bestimmungsbücher:

Band 1 Pilze
Band 2 Pflanzenführer
Band 3 Meeresfische
Band 4 Süßwasserfische
Band 5 Aquarienfische
Band 6 Heilpflanzen
Band 7 Steine + Mineralien
Band 8 Sterne + Planeten
Band 9 Tierspuren
Band 10 Pflanzen- und Tierwelt der Alpen
Band 11 Bäume + Sträucher
Band 12 Blumen am Mittelmeer
Band 13 Pflanzen Europas
Band 14 Hunderassen der Welt
Band 15 Insekten + Weichtiere
Band 16 Muscheln + Schnecken
Band 17 Edel- und Schmucksteine
Band 18 Katzenrassen der Welt
Band 19 Säugetiere Afrikas
Band 20 Wetterkunde für alle
Band 21 Die Höhlen Europas
Band 22 Bäume + Sträucher Europas
Band 23 Vögel
Band 24 Pferderassen der Welt
Band 25 Orchideen Europas
Band 26 Tierische Schädlinge

BLV Naturführer

Wasservögel Strandvögel

Die wichtigsten Arten Europas
nach Farbfotos bestimmen

Dr. Walther Thiede

BLV Verlagsgesellschaft
München Bern Wien

Bildnachweis:

Böhme: 89u, 107o, 115u, 133u; Bracht: 33ol; Diedrich: 45o, 55u, 63u, 65u, 141u; Glader: 29u, 35u, 91o; Großmann: 79o, 81ur, 83u, 93u, 117u, 129o; Gruber: 17o; Haarhaus: 17u, 35o, 67o, 69o, 71u, 77o, 91u, 105u, 111o, 125o; Hemerka: 105o; Jorek: 113o; König: 55o; Laub: 47o, 109u, 141o; Layer: 37u, 67u; Limbrunner: 21o, 25o, 31o, 33or, 47u, 53o, 73o, 93o, 99o, 103u, 131u; Moosrainer: 117o, 129u, 131o; Munsterman: 81o; Pforr: 43u, 69u, 97u, 99u, 103o, 115o; Plucinski: 77u, 79u, 85o; Pölking: 23o, 25u, 137u; Pott: 23u, 29o, 57, 73u, 119u, 139; Quedens: 15u, 39u, 43o, 49, 53u, 59o, 61, 63o, 81ul, 85u, 95, 119o, 135o, 137o; Reinhard: 31ur; Rinnhofer: 39o, 101o, 121ur, 127u; Schack-Nielsen: 135u; Schouten: 97o; Siedel: 51u, 109ol; Storsberg: 15o, 19u, 27u, 59u, 65o, 89o, 113u, 123o; Thiede: 123u; Trötschel: 19o, 21u, 33u, 37o, 41, 71o, 101u; Weber: 51o, 75, 87, 107u, 109or, 121o; Zeininger: 27o, 45u, 83o, 111u, 121ul, 125u, 133o; Ziesler: 127o; Zmölnig: 31ul; Titelbild: Pott

CIP-Kurztitelaufnahme der Deutschen Bibliothek

Thiede, Walther:
Wasservögel, Strandvögel: d. wichtigsten Arten Europas nach Farbfotos bestimmen / Walther Thiede. – München, Bern, Wien: BLV Verlagsgesellschaft, 1979.
(BLV Naturführer; Bd. 15)
ISBN 3-405-12058-6

ISBN 3-405-12058-6

BLV Naturführer 15

Satz und Druck: Georg Appl, Wemding
Bindung: Conzella, Urban Meister, München

Printed in Germany

Einleitung

Dieses zweite Bändchen »Vögel nach Farbfotos bestimmen« soll dem Leser die Scheu vor der Beschäftigung mit Strand- und Wasservögeln nehmen, eine Scheu, die nur zu verständlich ist, wenn man weiß, welch überwältigenden Eindruck die verwirrende Vielfalt dieser Vogelwelt macht. Die durch die Anpassung an ihre Umwelt bedingte Gleichheit in Farbenart und Farbenverteilung bei Schnepfenvögeln, Möwen und Seeschwalben verlangt viel vom Beobachter. Er muß differenzieren lernen, den Blick für das Wesentliche schulen und äußerst selbstkritisch sein. Wie beglückend ist es dann aber auch, Schritt für Schritt voranzukommen, mit der Zeit nicht nur die Arten unterscheiden zu lernen, sondern auch ihre unterschiedlichen Kleider, und dadurch den ständigen Rhythmus des Lebens mitzuerleben. Bald weiß dann der Fortgeschrittene, daß es Brutkleider, Ruhekleider, Jugendkleider aller Altersklassen, dazu noch Weibchen- und Männchenkleider und selbst zu all diesen Kleidern noch Übergänge gibt. Denn der Vogel wechselt sein Federkleid ja nicht abrupt, sondern mausert Schritt für Schritt nach ererbtem Schema.
Auch in diesem zweiten Büchlein folgen wir dem bewährten System, die wirklich seltenen Arten auszulassen. Wir können auch nicht jedes Kleid bringen; wir versuchen uns auf die wesentlichen Kleider zu beschränken und auf jene, die im mitteleuropäischen Raum überwiegend zur Beobachtung kommen. Nur leicht abweichende Kleider werden lediglich beschrieben, z. B. das Winterkleid der Sturmmöwe und der Großmöwen. Inhalt und Auswahl der Bilder sollen den interessierten Laien ansprechen und erst in zweiter Linie den routinierten Fachmann. Aber auch er wird dieses Büchlein mitnehmen; denn jede zusätzliche Abbildung und Erläuterung erleichtert das Bestimmen eines Strand- und Wasservogels. Noch wesentlich mehr als im Binnenland narren uns nämlich Sicht, Wetter, Sonnenrichtung, Helligkeit, Entfernung und das Fehlen von Bezugs- und Vergleichspunkten in der unendlichen Weite des Meeres, des Watts oder der Marschwiesen.
Lassen Sie sich Zeit beim Bestimmen »Ihrer« Küstenvögel. Legen Sie sich ins Gras des Strandes, in eine windgeschützte Dünenfurche und tun Sie nichts anderes als Schauen; hängen Sie Ihren Gedanken nach, betrachten Sie Ihre Beschäftigung mit den Vögeln im Brandungssaum und auf dem Meer vor Ihnen nicht als Pflicht, als Anreiz zu Rekordbeob-

achtungen, sondern als Erholung vom lauten Treiben des Alltags, der uns alle gefangenhält, als wahre Ferien, als Rückbesinnung auch auf glückliche Kindertage, wo Sie stunden- und tagelang träumend im Grase lagen und in den Himmel schauten und dabei doch mehr reiften als in vielen Klassenstunden.
Tauchen Sie ein in das Erlebnis der Natur. Je intensiver und je lockerer zugleich Sie sich mit ihr beschäftigen, umso freier werden Sie von den Sorgen und den Trivialitäten unserer hektischen Konsumgesellschaft.

Was sind Strand- und Wasservögel?

Es sind Vögel, deren Leben sich ausschließlich oder zu einem entscheidenden Teil des Jahres auf dem Wasser oder an Stränden größerer Süß- und Salzwasser abspielt. Es gehören daher Enten und Möwen hierher, Seeschwalben und Reiher, Kormorane und Taucher. Ebenso wie die zahlreichen Schnepfenvögel, die ausgesprochene Strand- und Weichbodenvögel sind, sind sie alle auf unterschiedlichste Art an das Leben im und am Wasser angepaßt; etwa durch Schwimmhäute zwischen den Zehen, durch anatomische Versetzung und Umformung der hinteren Extremitäten zu Paddeln, durch lange Beine für das Waten, durch lange, hoch-sensible Schnäbel fürs Stochern im Schlick, durch kurze, runde Flügel für die Unterwasserjagd oder durch lange, breite Flügel für stunden- und tagelanges Segeln über den Wellen. Ihr Lebensbereich, ihre Heimat ist das Wasser und der Strand, so unterschiedlich auch ihre spezielle Einpassung und Anpassung ist.
Ganz konsequent sind wir hier aber auch nicht, denn wir haben zwei Arten weggelassen, die auf ihre ganz spezielle Art an das Wasser angepaßt sind: den Fischadler und den Seeadler. Trotz ihrer Beute-Spezialisierung sind sie aber typische Greifvögel geblieben, und ihre Anpassung an das Wasser tritt daran gemessen weitgehend in den Hintergrund. Auch jene Wasservögel von Bächen und schmalen Flüssen des Binnenlandes, die bereits im 1. Band gebührend berücksichtigt wurden, sind nicht noch einmal aufgeführt. Es sind dies die Wasseramsel und die Gebirgsstelze. Und schließlich gehören auch die Rohrsänger, die zwar an das Leben am Rand der Wasserfläche – dem Rohrstreifen – angepaßt sind, als Singvögel in den 1. Band.
Weite Binnengewässer, Nord- und Ostsee sind die Hauptgebiete für Sie, wenn Sie die Strand- und Wasservögel dieses Buches kennen lernen wollen. Während der Zugzeiten bieten vor allem die Watten der Nordsee unvergeßliche Erlebnisse: hier konzentrieren sich Abertausende von

Strand- und Wasservögeln, und von manchen Arten sind zu gewissen Zeiten fast die gesamten Bestände, die es von ihnen auf der Welt gibt, dort versammelt.
Das unterstreicht die Bedeutung des Wattenmeeres und unserer Küsten, das weist aber zur gleichen Zeit auch auf die hohe Verantwortung hin, die wir für ihren Schutz und Erhalt tragen.

Vom Vogelbeobachten an Küste, Meer und Watt

Der Leser sei auf die allgemeinen Ausführungen im ersten Band »Vögel« verwiesen. Hier soll er Tips bekommen, die das Beobachten in den weiten Räumen der Küste, des Meeres und des Watts betreffen.
Unsere Augen sehen nur einen Teil dieser Welt, und unsere Augen sehen darüberhinaus diesen Teilausschnitt der Welt anders als andere Lebewesen. Blicken wir z. B. geradeaus, so umfassen wir beidseitig einen Winkel von jeweils 90°, Greifvögel aber einen von 180°; sie sehen dazu die Objekte noch vergrößert. Ein Schnepfenvogel hat eine umfassende Sicht von beidseitig etwas über 180° und sieht daher auch das, was hinter ihm ist – dazu gestochen scharf – ohne die Augen bewegen zu müssen. Auch die Dohle kann das. Die Strandvögel sehen den Beobachter viel eher als umgekehrt und auch dann, wenn sie ihm den Rükken zukehren. Auch Helligkeit und Farben, Sehschärfe und Reaktionsgeschwindigkeit der Augen sind beim Menschen und den einzelnen Vogelgruppen unterschiedlich. Vogelaugen leisten mehr und sind schneller.
Unsere Ohren und die der Vögel zeigen ebenfalls recht unterschiedliche Leistungen. Der Hörbereich ist etwa gleich breit; Vögel können die ganz tiefen Töne (unter ca. 50 Hz) nicht wahrnehmen, uns Menschen fällt es schwer, ganz hohe Töne (20000–30000 Hz) zu hören. Enten hören schlecht und »wenig«. Enorm wichtig ist bei Vögeln das Richtungserkennen mittels Gehör. Hier sind sie wesentlich besser und vor allem schneller als wir.
Für uns bedeutet das, daß wir bei unserem Verhalten draußen in der offenen Weite der Landschaften, in denen unsere Strand- und Wasservögel leben, auf deren Können, Reaktionen und Gewohnheiten noch mehr eingehen müssen als wir das schon bei Landvögeln tun. Wir müssen lernen, die Hilfsmittel, die die Natur uns bietet, mit Bedacht zu nutzen:
- Bei auflaufendem Wasser (hereinkommender Flut) sollten Sie beispielsweise schon gut getarnt auf dem Trockenen in Stellung liegen

und die Vögel auf sich zukommen lassen. Da ihr Bewegungsraum bei Flut immer enger wird, kommen sie uns nicht nur ständig näher, sondern verdichten sich auch und werden immer mehr. Sie brauchen nur zu warten.

- Stürmisches Wetter ist zum Beobachten von Wasservögeln gar nicht schlecht. Sie halten sich dichter an der Küste, bevorzugen ruhigere Buchten und Hafenbecken. Sturm konzentriert die Strandvögel noch stärker am Landsaum als die Flut. Bei solchem Wetter sollten Sie draußen sein!
- Die Sonne darf uns nie blenden: Sie sehen gegen die Sonne keine Farben, alles wirkt einheitlich dunkel. Wir gehen und schauen daher mit der Sonne.
- Wir bewegen uns zügig, aber ohne Hast. Wir gehen hintereinander und nicht in breiter Kette. Wir vermeiden ruckartige Bewegungen unserer Arme. Merke: besser sich durch Rufen am Strand verständigen als mit Gesten.
- Wir halten uns, wenn wir aus dem Land direkt die Uferlinie erreichen wollen, ständig so, daß uns keiner der Vögel von dort aus sehen kann. Es ist überflüssig, ständig Ausschau zu halten, ob sie noch da sind.
- Wir halten Distanz und vermeiden das Auffliegen der Vögel vor uns so lange und so weit wie möglich. Wir bestimmen die Vögel schon beim Stehen und Laufen, nicht erst, wenn sie in der Luft sind. Denn die Zeit, die beim Hochfliegen und Abfliegen der Vögel zum Bestimmen bleibt, ist nahezu immer zu kurz. Es ist jammerschade, welche Gelegenheiten dabei zum Bestimmen und Beobachten oft verlorengehen.

Gerade Strandvögel neigen dazu, vor einem ruhigen und langsam herankommenden Beobachter zu Fuß und erst dann fliegend auszuweichen, wenn sie allzu weit von ihrem ursprünglichen Platz weggeraten sind. Sehr oft fliegen sie dann in einem Bogen über das Wasser zurück zum Ausgangspunkt.

Das Bestimmen

Über das hinaus, was dazu schon im ersten Band »Vögel« gesagt wurde, gibt es zu beachten, daß die Weite und relative Einförmigkeit dieser Landschaften folgende Fehlerquellen zusätzlich beinhalten:

Kontrastverstärkung Vor einer schwarzen Gewitterfront etwa werden auf dem Watt Farben dunkler und Vögel größer; eine graurückige Silbermöwe wird so leicht zur schwarzrückigen Mantelmöwe.

Unterschätzen der Entfernungen Mit zunehmender Entfernung verschwimmen die Kennzeichen oder nähern sich einander an. Solche weiter entfernten Vögel sollte man nur bis zur erkennbaren Gruppe, z. B. Möwe, Tauchente, Seetaucher bestimmen, nicht aber bis zur Art.

Verschätzen der Größe Da meist Bezugs- und Vergleichsmöglichkeiten fehlen, werden die Größe über- und Formen verschätzt. Die Vögel sind meist kleiner als man denkt.

Unterschätzen der Zahlen Dies geschieht aus zwei Gründen: Auf bewegtem Wasser sieht man gleichzeitig nur jene schwimmenden Vögel, die sich auf dem Wellenberg befinden oder von dem Wellenberg gerade emporgehoben werden. Ist ein Ententrupp z. B. darüberhinaus sehr lang ausgezogen, so wird es auch schwer, den prozentualen Anteil etwa von Weibchen und Männchen festzustellen. Bei aktiven Tauchenten ist zudem ein erheblicher Teil ständig unter Wasser.

Sind die Vögel in großer Zahl dicht gepackt, so ist unser Auge nicht in der Lage, sie zu zählen. Es ist dann sinnvoll, einen kleinen Ausschnitt dieser Masse genau zu zählen und dann abzuschätzen, wieviel mal ihn die Gesamtfläche bzw. der fliegende Schwarm enthält.

Blendung Nicht nur die Sonne, auch Wasser blendet durch Reflexion des Lichts. Vögel in der Blendungszone kann man nicht bestimmen! Auch muß man bei intensivem Beobachten auf dem Wasser die Augen schonen. Bekommt man dennoch Kopfschmerzen, sollte man das Beobachten sofort unterbrechen und eine gute halbe Stunde ausruhen. Es hat keinen Sinn, die Augen zu überanstrengen Beobachtungspausen sind unbedingt einzulegen, wenn man längere Zeit auf dem Wasser oder glitzernden Watten beobachtet.

Allzu starke Helligkeit bzw. Dunkelheit Sie verändern die Farben, Dunkelheit auch Größe und Formen. Reicht das Licht nicht mehr zum Beobachten aus, genügt es, wenn man sich in der Abenddämmerung an den Bewegungen, den geheimnisvollen Stimmen und an der Stimmung erfreut.

Übrigens: Es ist keine Schande, einen Küsten- oder Meeresvogel nicht bestimmen zu können. Das passiert auch Experten.

Wer tiefer in die Materie eindringen möchte, sollte über die zwei, drei guten Vogelbestimmungsbücher hinaus, die er sowieso ständig mitführt, Spezialliteratur mitnehmen. Zwei seien genannt, auch wenn es sie nur in Englisch gibt:

FJELDSÅ, J. (1977): Guide to the young of European precocial birds. – Tisvilde (Skarv Naturverlag) 284 S., 39 Farbtafeln.

PRATER, A. J. et al. (1977): Guide to the identification and ageing of Holarctic Waders. – Beech Grove, Tring (British Trust for Ornithology) 168 S., 17 Tafeln.

Das Fernglas

Schwimmende Vögel halten sich meist weiter vom Land entfernt als man annimmt. Das lichtstarke Universalglas 7 × 35 reicht dann nicht aus. Hier benötigt man das Teleskop, das 20- bis 50-fache Vergrößerung bringt. Bei Ornithologen hat sich weltweit das Kowa-Teleskop durchgesetzt. Es muß auf ein kräftiges Stativ montiert werden, da sonst die Schwingungen jegliches Beobachten verhindern. Man trägt es am besten montiert auf der Schulter. Mit diesem Teleskop ist es möglich, in aller Ruhe das Wasser abzusuchen und die Vögel, ohne sie zu beunruhigen, ausdauernd zu beobachten. Ja, man sollte auch eine scheinbar leere See sofort mit dem Teleskop, etwa mit 20-facher Vergrößerung, absuchen. Es ist erstaunlich, was man dann alles sieht. Auch hier gilt, daß man, was man sieht, sofort aufschreiben muß. Ist man zu zweit, ruft man seine Beobachtungen dem Zweiten zu, der sie aufschreibt. So verliert man nicht die Übersicht, etwa beim Auszählen oder Durchmustern eines ganzen Entenschwarms oder einer Möwengruppe.

Die Kleidung

An der Küste unterschätzt man leicht die Kraft des Windes, Erkältung und Unterkühlung sind die Folgen. Man ziehe sich daher wärmer an als man eigentlich vorhat. Baumwolle und Wolle sind am besten, darüber ein gut imprägnierter Anorak. Eine Kopfbedeckung ist wegen der starken Strahlung notwendig, auch bei bedecktem Himmel. Etwas zu Trinken sollte man immer mithaben, ebenso etwas zu Essen.

Man wandere nicht nur nach Karte, sondern auch nach der Uhr: ist die halbe Zeit herum, sollte man unbedingt den Rückmarsch antreten. An der Küste täuschen leicht die Entfernungen. Man unterschätzt die Gefahren dieser Naturlandschaften. Unwetter brechen hier ebenso elementar herein wie in den Bergen. Daher die Ratschläge und Warnungen der Einheimischen genau beachten!

Die vorgestellten Vogelarten

Auch in diesem Band sind die Vögel nach dem natürlichen, d. h. nach dem stammesgeschichtlichen System angeordnet. Die stammesgeschichtlich älteren Familien stehen vorne, die jüngeren am Ende. Die jüngste Ordnung der Singvögel (Oscines) fehlt in diesem Band, stellte aber im ersten Band zwei Drittel der besprochenen Arten. Hier überwiegen die großen Gruppen der Entenvögel, der Schnepfenvögel und der Möwenvögel. Dabei ergibt sich folgende systematische Reihenfolge der Ordnungen (in Klammern die Familien):

Gaviiformes	Taucher (Seetaucher, S. 14–17, und Lappentaucher, S. 17–21)
Procellariiformes	Sturmvögel (hier nur Eissturmvogel, S. 22)
Pelecaniformes	Pelikanartige (hier nur Tölpel und Kormorane, S. 22–25)
Ciconiiformes	Storchartige (Reiher, S. 26–33, Störche und Ibisvögel, S. 34–35)
Anseriformes	Entenartige (S. 36–69, Erklärung S. 54)
Gruiformes	Rallen- und Kranichvögel (hier nur Rallen, S. 70–73)
Charadriiformes	
Charadrii	Schnepfenvögel oder Limikolen (S. 74–115, Erklärung S. 74)
Lari	Möwen und Seeschwalben (S. 116–137, Erklärung S. 126)
Alcae	Alken (S. 136–141, Erklärung S. 138)

Texterläuterungen

Symbole und Abkürzungen:

1. ♂ (Mars) = Männchen (Mz.: ♂♂) ♀ (Venus) = Weibchen (Mz.: ♀♀)
2. ad. = adultus, Erwachsener; juv. = juvenil, Jungvogel
3. Um einen kurzen Überblick über das Zugverhalten der besprochenen Arten zu geben, steht am Ende des Abschnitts »Vorkommen« in Kurzform angegeben, ob und wie der Vogel zieht. Die Abkürzungen bedeuten:

   Z Zugvögel. Arten, die vollständig zur Winterszeit wegziehen. Liegt ihr Winterquartier in West- oder Südeuropa bis Nordafrika, werden keine Angaben hinzugefügt. Liegen sie südlich der Sahara oder in Südasien, werden sie nach dem neuesten Stand unseres Wissens angegeben.

   TZ Teilzieher. Arten, bei denen die heimischen Populationen im Winterhalbjahr zum großen Teil wegziehen, ein Teil aber hierbleibt.

   JZ Zugvögel, bei denen die heimischen Populationen zum Teil oder ganz wegziehen, dann aber in Mitteleuropa durch nördliche und/oder östliche Populationen im Winter ersetzt werden. Diese Arten können daher bei uns ganzjährig gesehen werden.

   St Standvögel. Ziehen normalerweise nicht weg.

   W Wintergäste. Zugvögel, die aus anderen, normalerweise kälteren und unwirtlicheren Gegenden zu uns kommen und überwintern.

   Dz Durchzügler. Z. B. (9–5) = Durchzügler anwesend von September bis Mai. Zahlen geben den Monat an (bei Kleidern ungefähre Zeit, in der der Vogel dieses Kleid trägt).

   G Gastvögel, mit denen alljährlich in kleiner Zahl zu rechnen ist.

   IV Invasionsvögel. Plötzlich in großen Mengen in Mitteleuropa und unvorhergesehen erscheinend. Meistens Folge vorausgehender Überbevölkerung und plötzlich eintretendem Nahrungsmangel in ihrer Heimat, etwa durch Ausfall ihrer Hauptnahrung.

Zur Fortpflanzung:

Falls eine Brut pro Jahr die Regel ist, wird es im Text *nicht* erwähnt. Bei diesen Arten kommt es nur bei Gelegeverlust zu Nachgelegen.

Angaben zur Geschlechtsreife werden nur bei jenen Arten gemacht, bei denen sie nicht im 2. Kalenderjahr, sondern später eintritt. Saisonehe bedeutet eine nur für eine Brutperiode geschlossene Ehe.

Topographie des Vogels

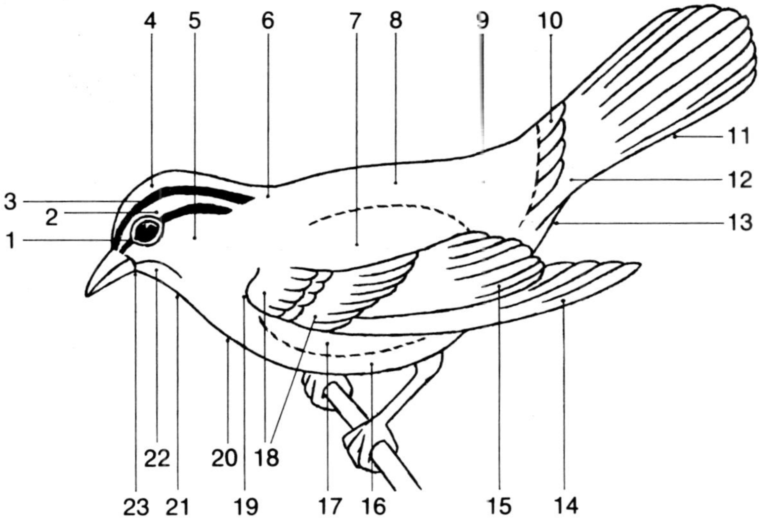

1	Augenstreif	13	Unterschwanzdecken und Aftergegend
2	Überaugenstreif	14	Handschwingen
3	Kopfstreif	15	Armschwingen
4	Scheitel	16	Bauch
5	Wange	17	Flanke
6	Nacken	18	Flügelbinden
7	Schulter	19	Flügelbug
8	Rücken	20	Brust
9	Bürzel	21	Kehle
10	Oberschwanzdecken	22	Bartstreif
11	äußere Schwanzfedern	23	Kinn
12	Schwanzwurzel		

Sterntaucher

(Abb. oben Brut-, unten Schlichtkleid)

Gavia stellata (Pont.)

Die in den Tundren und den Seen der Nadelwaldzone der Nordhalbkugel brütenden Seetaucher (Familie Gaviidae) sind außerhalb der Brutzeit Hochseebewohner. Der torpedoförmige Körper, die paddelartigen, ganz hinten sitzenden Beine und der kurze Schwanz sowie das harte, dichte Gefieder sind ideale Anpassungen an die Unterwasserjagd auf den Meeren. An Land sind sie recht hilflos und robben auf dem Bauch. 4 Arten. – **Merkmale:** Artkennzeichnend ist der schlanke, aufgeworfene, dunkle Schnabel. Im Brutkleid mit grauem Kopf und grauen Halsseiten, schwarz-weiß längsgestreiftem Hinterkopf, rotem Kehlschild. Rücken kontrastlos dunkelschieferfarben. Im Schlichtkleid wie Prachttaucher, aber ohne weißen Heckfleck, und der dunkelbraune Rücken mit weißen Sternchen übersät. Das Auge liegt meist im Weißen. – **Verwechslung**: Im Schlichtkleid mit den anderen Arten; mit Prachttaucher im Brutkleid, da das rote Halsschild schwarz wirken kann. – **Vorkommen**: Nordeuropa, Schottland; bei uns Dz, W (IX–V); besonders an Küsten. – **Nahrung**: Fische, die er unter Wasser (in 2–9 m Tiefe) jagt. – **Fortpflanzung**: Nest am Gewässerrand, evtl. kolonieweise. Gelege mit 2 Eiern. Brutdauer 26–28 Tage. Führungszeit 6–7 Wochen, Familienzusammenhalt länger.

Prachttaucher

Gavia arctica (L.)

Merkmale: Im Brutkleid schwarz-weiß längsgestreifte Halsseiten, hellgrauer Kopf und schwarzes Kehlschild. Oberseits schwarz-weißes Schachmuster. Im Schlichtkleid oberseits einfarbig dunkel graubraun, unterseits weiß; scharfe Trennungslinie durch das Auge und entlang der Halsseiten. Der große weiße Seitenfleck am Hinterkörper ist artkennzeichnend. Schnabel gerade, dunkel. – **Verwechslung**: Im Schlichtkleid mit den anderen Arten; mit Sterntaucher im Brutkleid; mit dem seltenen Eistaucher (*G. immer*), der im Brutkleid schwarzen Kopf und Hals und gestreiftes Halsband hat und im Schlichtkleid ein weißes Teilhalsband zeigt. – **Vorkommen**: Nordeuropa, Schottland; bei uns Dz, W (IX–V); Küste. – **Nahrung**: Fische, Krebse, Mollusken (aus 3–6 m Tiefe). – **Fortpflanzung**: Nest auf Inselchen oder am Rande von tiefen, klaren Seen. 2 Eier. Brutdauer 28–30 Tage. Führungszeit rund 2 Monate.

Haubentaucher

Podiceps cristatus (L.)

Der Haubentaucher ist der häufigste von 5 in Mitteleuropa lebenden Lappentauchern. Sie alle leben auf und im Wasser und sind durch torpedoartigen Körperbau, am Steiß als Ruder ansetzenden Beinen, spitzen Schnäbeln und extrem kurzem Schwanz hervorragend an ihre Lebensweise, die Unterwasserjagd, angepaßt. Süßwasserbewohner. – **Merkmale**: Im Brutkleid leicht kenntlich an der rotbraun-schwarzen Halskrause. Im grauweißen Schlichtkleid sind der rosafarbene Schnabel und der weiße Überaugenstreif die Unterscheidungsmerkmale zum Rothalstaucher. – **Vorkommen**: Auf größeren stehenden Gewässern. Während des Zuges und im Winter auch an der Küste und auf fließenden Gewässern. St. – **Nahrung**: Vorwiegend Fische, Wasserinsekten, Krebse, Kaulquappen. – **Fortpflanzung**: Saisonehe. Das Nest steht am Gewässerrand bevorzugt in Rohrkolben; Schwimmnest. Es enthält meist 4 Eier. Brutdauer 25–29 Tage. Die Nestflüchter werden 10–11 Wochen von ihren Eltern geführt; die Eltern teilen sich die Jungenzahl auf.

Rothalstaucher

Podiceps griseigena (Bodd.)

Merkmale: Im Brutkleid kontrastiert das weißgraue Gesicht mit dem tiefen Braunrot des Halses. Der schwarze Scheitel erreicht das rote Auge. Im grau und weißen Schlichtkleid sind der dunkle Schnabel mit gelber Basis und das Fehlen eines weißen Überaugenstreifs sowie die düstere Augenpartie artkennzeichnend. Juv. dunkler. – **Verwechslung**: Im Schlichtkleid mit Haubentaucher; die anderen Lappentaucher sind deutlich kleiner, haben andere Kopfform und kürzere Schnäbel. – **Vorkommen**: Liebt flache, verlandende Seen und Teiche der Ebenen. Brutvogel in Schleswig-Holstein (220 Paare) und nördl. Niedersachsen. Im Winter gerne an den Küsten. JZ. – **Nahrung**: Vorwiegend Fische, Krebse, Wasserinsekten. – **Fortpflanzung**: Saisonehe. Nest freistehend oder zwischen Wasserpflanzen. Meist 4–5 Eier. Brutdauer 22–23 Tage. Führungszeit 8–10 Wochen, meist durch beide Eltern. 1–2 Bruten.

Ohrentaucher

Podiceps auritus (L.)

Merkmale: Ein kleiner, hübscher Taucher mit schwarzem, buschigem Kopf, breitem, goldgelbem Augenstreif und Federohren sowie rostrotem Hals. Im Schlichtkleid oberseits dunkelgrau, sonst weiß. Schnabel kurz und gerade. – **Verwechslung**: Im Brutkleid mit Schwarzhalstaucher. Im Schlichtkleid mit Rothalstaucher, der aber doppelt so groß ist; mit Schwarzhalstaucher, dieser aber mit aufwärts gebogenem Schnabel. – **Vorkommen**: Auf seichten Seen der nordeuropäischen Nadelwaldzone, in Norwegen und Island auf offenen Seen. Im Winter Küsten bevorzugend. W. – **Nahrung**: Insekten, Krebse, kleine Fische. – **Fortpflanzung**: Saisonehe. Nest auf Unterbau aus Binsen- und Schilfhalmen, meistens in Wasserpflanzen. Oft Kolonien bildend. 3–6 Eier. Brutdauer 22–25 Tage. Führungszeit $6\frac{1}{2}$ Wochen, nach 2 Wochen teilen sich die Eltern die Jungenschar.

Schwarzhalstaucher

Podiceps nigricollis C. L. Brehm

Merkmale: Ein kleiner Taucher mit im Brutkleid schwarzem Hals. Die goldgelben Federohren hängen herab. Schnabel kurz und aufwärts gebogen. Im Schlichtkleid wie die anderen Taucher oberseits grauschwarz und unterseits weiß, doch mit gleitendem Übergang von Schwarz und Weiß auf den Kopfseiten. – **Verwechslung**: Mit Rothalstaucher. Im Brutkleid ist der schwarze Kopf schmaler, die Federn liegen an, und die Stirn ist höher als bei diesem. Im Schlichtkleid Stirn, Schnabelform und Kopfseiten beachten. Jungvögel nicht trennbar, da Schnabel noch nicht voll ausgewachsen. – **Vorkommen**: Vegetationsreiche, sehr flache Seen im Flachland. Im Winter auch an der Küste. Z. – **Nahrung**: Insekten; auch Muscheln, Krebse. – **Fortpflanzung**: Saisonehe, evtl. mehrjährig. Eintritt der Geschlechtsreife evtl. erst nach 2 Jahren. Koloniebrüter. 3–4 Eier im Gelege. Brutdauer 20–21 Tage. Führungszeit der juv. noch unbekannt, beide Eltern führen. Es werden »Kindergärten« gebildet.

Zwergtaucher

Podiceps ruficollis (Pall.)

Merkmale: Unser kleinster Taucher. Ein rundes Federbällchen mit kurzem Hals und dickem Schnabel. Im Brutkleid oberseits dunkelbraun, unterseits heller graubraun; Wangen, Halsseiten und Kehle kastanienbraun. Artkennzeichnend der weißgelbliche Schnabelwinkel. Im Schlichtkleid unauffällig; dunkelbraun oberseits, grauweiß unterseits, Wange, Hals, Körperseiten gelblichbraun. – **Verwechslung**: Im Schlichtkleid mit Schwarzhalstaucher, doch Zwergtaucher mit geradem Schnabel (ad. mit weißer Spitze) und ohne Flügelbinde. – **Vorkommen**: Auf Gewässern jeder Größe, wenn sie nur sehr flache und schlickige, an Wasserpflanzen reiche Partien haben. Während des Zuges und im Winter auf jedem wellenfreien Wasser. JZ. – **Nahrung**: Insekten, Krebse, Kaulquappen, im Winter kleine Fische. – **Fortpflanzung**: Wahrscheinlich lebenslange Einehe. Nest ein Haufen von Pflanzenteilen. Gelege 4–6 Eier. Brutzeit 20–21 Tage. Führungszeit 6–7 Wochen, beide Eltern führen. 2 Jahresbruten.

Eissturmvogel

Fulmarus glacialis (L.)

Sturmvögel leben außerhalb der Brutzeit auf den Meeren. Sie haben röhrenförmige, verlängerte Nasen mit Ventil, brüten in Kolonien und legen 1 Ei. – **Merkmale**: Ein großer, möwenartiger, weißer Vogel mit dickem Kopf und Hals, langen, brettartigen Flügeln und eigenartigem Schnabel. Segelflieger ohne Schwingenschlag. Flügel oben einfarbig blaugrau, Bürzel und Schwanz hellgrau. An Land auf den Fersen gehend. – **Verwechslung**: Mit großen Möwen, aber Röhrenschnabel unverwechselbar. Keine schwarzen Flügelspitzen. – **Vorkommen**: Nordatlantik, Nordsee. Brütet auf Helgoland. – **Nahrung**: Pelagisch; Krebse, Tintenfische, Fische, Abfall von der Meeresoberfläche aufsammelnd. – **Fortpflanzung**: Dauerehe. Frühestens mit 6 Jahren geschlechtsreif. Koloniebrüter an Felsen, gelegentlich auf Gebäuden. Gelege 1 Ei. Brutdauer 49–53 Tage. Nestlingszeit 46–51 Tage.

Baßtölpel

Sula bassana (L.)

Tölpel (9 Arten) sind große, kräftige Hochseevögel, die im senkrechten Sturzflug nach Beute tauchen. Nasenlöcher zugewachsen. – **Merkmale**: Starker, spitzer Dolchschnabel, Körper zigarrenförmig, Keilschwanz. Der Baßtölpel wird erst mit 5 Jahren geschlechtsreif und hat fünf verschiedene Kleider. Erwachsene schneeweiß mit schwarzen Handschwingen und -decken; Kopf, Hals rahmgelb, Auge hellgrau. Junge im 1. Jahr oberseits schieferbraun, gefleckt, unterseits weißlich; im 2. Jahr Kopf, Hals und Unterseite weiß, oben schwarzbraun, am Bug aufhellend; im 3. Jahr oben braun-weiß gefleckt; im 4. Jahr fast wie ad., noch wenige dunkle Rückenfedern, Armschwingen und innere Schwanzfedern. – **Vorkommen**: Nordatlantik, Nordsee. – **Nahrung**: Fische. – **Fortpflanzung**: Lebenslange Einehe. Brütet in riesigen Kolonien auf den Kuppen hoher Felseninseln. Nest aus Tang. Gelege 1 Ei. Brutdauer 44 Tage. Nestlingszeit 3 Monate.

Kormoran

Phalacrocorax carbo (L.)

Kormorane sind gewandte Unterwasserjäger, die nur mit den Füßen rudern und mit dem langen Schwanz steuern. Gefieder wasserdurchlässig, um besser tauchen zu können. Trocknen sich nach jeder Jagd. – **Merkmale**: Im Brutkleid (I–V) glänzend schwarz mit bronzenem Metallschimmer, weißem Schenkelfleck und Schmuckfedern am Hinterkopf. Schmale, weiße Federn an Kopf und Hals. Kehle und Wange weiß. Im Ruhekleid ohne Schmuckfedern, Schenkelfleck und weiße Federn. Kinn und Wange hellbraun. Jugendkleid schwarzbraun, weißbäuchig (sehr variabel); ältere juv. braunbäuchig. Nackte Kehle gelblich. – **Verwechslung**: Mit Krähenscharbe, doch hat diese anderes Gesicht und feineren Schnabel. – **Vorkommen**: Große Seen, Flüsse, an Küsten. Brütet in NW-Niedersachsen. St. – **Nahrung**: Fische, etwas Krebse. – **Fortpflanzung**: Saisonehe. Nach 3 Jahren geschlechtsreif. Baumbrüter in Kolonien. Knüppelnest mit 3–4 Eiern. Brutdauer 23–30 Tage. Nestlingszeit 7 Wochen.

Krähenscharbe

Phalacrocorax aristoteles (L.)

Merkmale: Ein kleinerer, schlanker Kormoran mit metallisch grün schimmerndem, schwarzem Gefieder und feinem Schnabel. Im Brutkleid mit Häubchen, kein Weiß. Gelbe Schnabelbasis. Im Schlichtkleid stumpf, brauner, etwas Weiß im Kinn. Juv. dunkelbraun, Kinn weißlich. – **Verwechslung**: Mit Kormoran, doch Gesicht und Schnabel anders. Juv. nur am schwächeren Schnabel unterscheidbar sowie im 1. Jahr, wenn junge Kormorane weißbäuchig sind. – **Vorkommen**: Felsenküsten Europas, Marokkos. Dz, selten. – **Nahrung**: Meeresfische. – **Fortpflanzung**: Einehe, evtl. lebenslang, aber bis zu 5% Bigamie wenn Mangel an Brutplätzen herrscht. Geschlechtsreif im 3. und 4. Jahr. Brütet in Kolonien auf Klippen und Felswänden. Tangnest mit 2–5 Eiern. Brutdauer 30–31 Tage. Nestlingszeit 7–8 Wochen.

Fischreiher

Ardea cinerea L.

Reiher sind langbeinige Stelzvögel mit S-förmig geknicktem Hals, lockerem Gefieder und dolchartigem Schnabel. – **Merkmale**: Unser größter Reiher. Hellgrau und weiß mit schwarzen Abzeichen. Im Flug Hals S-förmig gekrümmt. Schnabel blaßgelb. Juv. mit schwärzlich hornfarbenem Schnabel, grauem statt weißem Scheitel sowie ohne die beiden schwarzen Schmuckfedern im Nacken. – **Verwechslung**: Mit Purpurreiher. – **Vorkommen**: Seichte Uferzonen aller Gewässer von der Meeresküste bis zum Wassergraben. Im Spätsommer auf Feldern zur Mäusejagd. TZ. – **Nahrung**: Schleich- und Ansitzjäger. Fische; daneben alles, was er bewältigen kann: Frösche, Schlangen, Mäuse, Insekten. Flexibel, nicht wählerisch. – **Fortpflanzung**: Saisonehe. Spätestens im 3. Lebensjahr geschlechtsreif. Koloniebrüter in hohen Waldbäumen. Horst mit 3–5 Eiern. Brutdauer 25–28 Tage. Nesthocker. Beide Eltern füttern. Juv. verlassen die Kolonie im Alter von 8–9 Wochen.

Purpurreiher

Ardea purpurea L.

Merkmale: Ein dunkelgrauer Reiher mit rostbraunem Hals und Brust, schwarzen Flanken und Bauch. Herabhängende Schmuckfedern rotbraun. Juv. braunrot, unten hellbraun; Zweijährige ähnlich ad., mit rotbraun geränderten Flügeldecken, hellerer Unterseite. Im Flug hängt der Hals tiefer durch als beim Fischreiher, und die Füße wirken größer. Bei Gefahr nehmen juv. und ad. Pfahlstellung ein. – **Verwechslung**: Mit Fischreiher. – **Vorkommen**: In großen Rohr- und Schilfdickichten; wärmeliebend, menschenscheu. Z; auf dem Zuge auch an offenen Gewässern. – **Nahrung**: Ansitz- und Schleichjäger. Fische, Insekten, Wühlmäuse, Frösche, Schlangen. – **Fortpflanzung**: Saisonehe, evtl. mehrjährig. Nest auf vorjährigem Schilf, niedrigen Weidenbüschen. Koloniebrüter. 4–5 Eier. Brutdauer 26 Tage. Nesthocker, die mit 7–8 Wochen flugfähig werden.

Seidenreiher

Egretta garzetta (L.)

Merkmale: Ein mittelgroßer, schneeweißer Reiher mit schwarzen Beinen und gelben Füßen. Der Schnabel ist schwarz. Im Brutkleid mit herrlichen Schmuckfedern am Hinterkopf und auf den Schultern. Juv. wie ad. im Ruhekleid. – **Verwechslung**: Mit dem Silberreiher, doch dieser stets ohne gelbe Füße und nahezu immer mit gelbem Schnabel. – **Vorkommen**: Alte Welt, Australien; wärmeliebend. Brutvogel Südeuropas, Ungarns (200 Paare), Frankreichs (1800 Paare). Liebt Reisfelder, Auenwälder. G. – **Nahrung**: Fängt durch Herumlaufen und blitzschnelles seitliches Zupacken in seichtem, klarem Wasser (kaum Ansitzjäger) Wasserinsekten, Frösche, Krebse, kleine Fische (bis 15 cm), Eidechsen, Schnecken. – **Fortpflanzung**: Einehe, wahrscheinlich jeweils für 1 Jahr. Koloniebrüter. Die Reisig-Nester stehen bevorzugt auf Bäumen oder Gebüsch. Gelege 3–6 Eier. Brutdauer 21–22 Tage. Nestlingszeit 30 Tage, selbstständig nach weiteren 2–3 Wochen.

Silberreiher

Casmerodius albus (L.)

Merkmale: Ein großer, schneeweißer Reiher mit schwarzen Beinen und schwarzen Füßen. Lange Schmuckfedern im Brutkleid nur auf dem Rükken. Schnabel gelb, nur ganz kurz zu Anfang der Brutzeit schwarz mit gelber Wurzel. Dann auch Oberschenkel gelb. Juv. wie ad. Ruhekleid. – **Verwechslung**: Mit dem Seidenreiher, der aber gelbe Füße hat und wesentlich kleiner ist, außerdem im Brutkleid auch Schmuckfedern an Kopf und Hals zeigt und einen schwarzen Schnabel hat. – **Vorkommen**: Weltweit. Brutvogel am Neusiedler See. Liebt warmes Kontinentalklima. Z. – **Nahrung**: Ansitzjäger und Pirschjäger. Fischt in offenem Gelände auf überschwemmten Wiesen, an Gewässerrändern, auf Reisfeldern. Fische, weniger Insekten, Kleinsäuger. – **Fortpflanzung**: Einehe, wahrscheinlich jeweils für nur 1 Jahr. Geschlechtsreife unbekannt. Koloniebrüter. Schilfhorst in großen Schilfwäldern. Gelege 3–5 Eier. Brutdauer wahrscheinlich 25–26 Tage. Nestlingszeit etwa 6 Wochen.

Rallenreiher

Ardeola ralloides Scop.

Merkmale: Ein krähengroßer, gedrungener Kleinreiher; ockergelb, Flügel weiß. Artkennzeichnend ist der im Brutkleid graue Schnabel mit schwarzer Spitze; im Ruhekleid grünlich mit dunkler Spitze. Beine im Brutkleid rötlich, sonst hell olivgrün. Juv. wie Ruhekleid, mit Bruststreifen. – **Verwechslung**: Mit dem sehr seltenen Kuhreiher (*A. ibis*) im Brutkleid, der jedoch immer einen gelben Schnabel hat. – **Vorkommen**: Brutvogel Süd- und Südosteuropas. Streifgast im Sommer. – **Nahrung**: Möglichst aus Deckung heraus, dämmerungsaktiv; überwiegend Insekten fressend, Frösche und kleine Fische bis 10 cm. – **Fortpflanzung**: Saisonehe. Einzel- und Gruppenbrüter im Schilf, auf Büschen in Sumpflandschaften, meist in Gemeinschaft mit anderen Reihern. Gelege 4–6 Eier. Brutdauer 22–24 Tage. Nestlingszeit 32–35 Tage, selbstständig nach 6 Wochen.

Nachtreiher

(Abb. links juv., rechts ad.)

Nycticorax nycticorax (L.)

Merkmale: Ein kurzbeiniger, gedrungener Großreiher mit schwarzer Oberseite, aschgrauen Flügeln und Schwanz und weißer Unterseite. Lange, weiße Genickfedern und rotes Auge. Schnabel kräftig und schwarzgrün, Beine gelb. Juv. ganz anders: braun mit weißen Flecken. – **Verwechslung**: Im Flug mit Fischreiher, doch dieser mit S-förmig gekrümmten Hals und weit überstehenden Beinen. – **Vorkommen**: Nachtaktiv. Tagsüber meist versteckt auf Bäumen. An dicht bewachsenen Flußufern und in Sumpfwildnis. Brutvogel Südeuropas, der Niederlande und Süddeutschland (keine 50 Paare). Z. – **Nahrung**: Vor allem Frösche, dann Fische bis 40 cm, Insekten, Krebse, Egel. – **Fortpflanzung**: Saisonehe. Geschlechtsreif meist mit 2 oder 3 Jahren. Koloniebrüter auf Bäumen, seltener im Schilf. Gelege 3–5 Eier. Brutdauer 21–22 Tage. Nestlingszeit 3–4 Wochen, selbstständig mit 40–50 Tagen.

Zwergdommel
(Abb. oben links)

Ixobrychus minutus (L.)

Merkmale: Sie ist unser kleinster Reiher (taubengroß) und fähig, mühelos im Schilf zu klettern. Die Farben des ♂ fahlgelb und schwarz, des ♀ braungelb und oberseits dunkelbraun gestreift. Artkennzeichnend ist das große, gelbe Flügelschild, im Fluge ist es besonders auffallend. Schnabel blaßgelb, Beine grün. Juv. ähnlich ♀, aber nicht nur unterseits, sondern auch auf den Flügelschilden braun längs gestreift, Streifung auch stärker. Bei Gefahr Pfahlstellung einnehmend, d. h. durch Emporrecken des Halses einen Rohrhalm nachahmend. – **Vorkommen**: Gemäßigtes und warmes Europa, Westasien; Afrika. Heimlicher Schilfbewohner, dämmerungsaktiv, zur Brutzeit auch tagaktiv. Z, überwintert südlich der Sahara. – **Nahrung**: Anstandsjäger. Fische, ferner Wasserinsekten, Frösche, Egel. Bildet Gewölle. – **Fortpflanzung**: Saisonehe. Geschlechtsreif mit 2 Jahren. Einzelbrüter, wenn auch gesellig. Schilfnester mit 5–6 Eiern. Brutdauer 17–20 Tage. Nestlingsdauer 17–18 Tage, selbständig mit 30 Tagen.

Rohrdommel
(Abb. oben rechts, unten)

Botaurus stellaris (L.)

Merkmale: Ein großer, brauner Reiher mit langem Hals. Bei Gefahr Pfahlstellung einnehmend. Die Rohrdommel ähnelt auch sonst durch ihr fahlgelbes Federkleid mit dunkelbraunen Längsstreifen altem Schilf. Schnabel, Beine grün. Fliegt wie eine Eule, doch mit langem Hals und überstehenden Beinen. – **Verwechslung**: Mit juv. Nachtreiher, doch dieser kleiner und hell gefleckt auf dunkelbraunem Grund. – **Vorkommen**: Gemäßigtes Eurasien. Sehr heimlicher Schilfbewohner; läuft lieber, als daß er fliegt. TZ. – **Nahrung**: Ansitz- und Schleichjäger. Fische, Amphibien, Insekten und alles andere Wassergetier. – **Fortpflanzung**: Mitunter polygam. Einzelnest in dichtestem Röhricht. Gelege 4–6 Eier. Brutdauer 25–26 Tage. Nestlingszeit 4–5 Wochen, flugfähig mit 8 Wochen.

Weißstorch

Ciconia ciconia (L.)

Störche sind langbeinige Schreitvögel mit geradem Hals, festem Gefieder und dolchartigem Schnabel. Segelflieger. – **Merkmale**: Im Kinderlied heißt es treffend von Freund Adebar »Er hat ein schwarz-weiß Röckchen an und trägt rote Strümpfe«. Junge Störche haben schwarze, später braune Schnäbel. – **Vorkommen**: Sümpfe, feuchte Wiesen und flache Gewässer in offener Landschaft. Z., der auf zwei festen Routen – über die Straße von Gibraltar bzw. über den Bosporus ins süd- und ostafrikanische Winterquartier zieht. – **Nahrung**: Mäuse, Insekten, Regenwürmer; weniger Frösche, Krebse, Eidechsen, Schlangen, Fische, auch Aas. Wenn die Vögel aus dem Winterquartier heimkommen, sind sie anfangs (zu 90%) auf Regenwürmer angewiesen. Im Winterquartier sind Heuschrecken Hauptnahrung. – **Fortpflanzung**: Saisonehe, die durch Horsttreue zur Dauerehe werden kann. Geschlechtsreif ab 3. Lebensjahr. Der mächtige Horst steht frei und hoch auf Gebäuden, Türmen, Schornsteinen und Bäumen. Gelege 3–5 Eier. Brutdauer 33–34 Tage. Nestlingszeit 54–63 Tage.

Löffler

Platalea leucorodia L.

Löffler gehören zu den Ibisvögeln, die alle besondere Schnäbel haben, langbeinig sind und nackte Stellen in Gesicht oder Kehle zeigen. – **Merkmale**: Ein fast storchengroßer, weißer Stelzvogel mit langem Löffelschnabel, bei ad. mit gelber Spitze. Bei juv. ist der Schnabel rötlich und die Flügelspitzen sind schwarz. Hals im Flug gestreckt. Im Brutkleid mit Nackenhaube. – **Vorkommen**: Seichte, offene Wasserflächen, große Sümpfe. Brutvogel in Südspanien (500 Paare), Holland (200 Paare), am Neusiedler See (200–250 Paare), Balkan. Dz. – **Nahrung**: Durchschnattert mit dem Schnabel sichelartig vorgehend Wasser und Schlamm nach Beute. Frißt kleine Wassertiere jeglicher Art. – **Fortpflanzung**: Eheverhältnisse ungeklärt. Geschlechtsreife unbekannt. Meist Koloniebrüter; auf altem Schilf Horst aufschichtend, selten in Weiden- und Erlengebüsch. Gelege 2–4 Eier. Brutdauer 21–25 Tage. Nestlingszeit rund 4 Wochen.

Singschwan

Cygnus cygnus (L.)

Schwäne gehören zu den Entenvögeln (s. S. 54). – **Merkmale**: Ad. mit weißem Gefieder, Schnabel schwarz mit ausgedehntem und unter dem Nasenloch spitz vorn auslaufendem Gelb. Langhalsig. Juv. grau mit fleischfarbenem Schnabel. – **Verwechslung**: Mit Zwergschwan; die Größenunterschiede sind zur Bestimmung nicht verwendbar. Mit juv. Hökkerschwänen, doch deren Schnabel ist bleifarben, und ältere juv. haben schon den Stirnhöcker. – **Vorkommen**: An Seen, Flüssen, Sümpfen Nordeuropas, Nordasiens. Dz, W im Küstenbereich. – **Nahrung**: Rein pflanzlich; Wasserpflanzen abweidend, an Land Gräser und Wurzeln, Getreidekörner gerne annehmend. – **Fortpflanzung**: Lebenslange Ehe. Geschlechtsreif wahrscheinlich mit 3–4 Jahren. Gewaltiges Bodennest mit 3–7 Eiern. Brutdauer 31–42 Tage. Führungszeit rund 2 Monate. Die Familien bleiben den Winter über zusammen und lösen sich erst auf dem Frühjahrs-Heimzug auf.

Zwergschwan

Cygnus columbianus bewickii Yarrell

Merkmale: Wie Singschwan, aber gedrungener und mit kürzerem und etwas dickerem Hals. Das Gelb des Schnabels endet rundlich vor den Nasenlöchern, ist also beschränkter. Übrigens ist das Gelb bei Sing- und Zwergschwänen individuell verschieden. – **Verwechslung**: Sehr leicht mit Singschwan; entscheidend ist das Gelb des Schnabels. Juv. nicht unterscheidbar. – **Vorkommen**: Tundren Eurasiens. Dz, W – Singschwan-Trupps meist in geringer Zahl beigemischt – in Schleswig-Holstein und Niedersachsen. Die weitaus seltenere Art. – **Nahrung**: Wasserpflanzen und Gras auf überfluteten Wiesen, Klee. – **Fortpflanzung**: Lebenslange Ehe. Geschlechtsreif mit 3–4 Jahren (?). Kompaktes Bodennest mit 2–5 Eiern. Brutdauer 29–30 Tage. Führungszeit unbekannt. Die Familien bleiben im Winter zusammen und lösen sich erst auf dem Heimzug auf.

Höckerschwan

Cygnus olor (Gm.)

Merkmale: Ein weißer Schwan mit rotem Höckerschnabel. Schwarz sind Schnabelwurzel, Nagel und Stirnhöcker. Beim ♂ ist der Höcker besonders ausgeprägt. Juv. mit graubraun-schmutzigweißem Gefieder und bleigrauem Schnabel ohne Höcker; im 2. Jahr Höckerbildung und umfärbend in Gelbrot. Im Flug erzeugen die Flügelschläge ein lautes Singen. – **Verwechslung**: Sing- und Zwergschwan fliegen ohne Flügelsingen. Juv. dieser Arten mit fleischfarbenem Schnabel. – **Vorkommen**: Charaktervogel der Binnengewässer; oft künstlich angesiedelt. An den Küsten Nichtbrüter und Wintergast. St. – **Nahrung**: Unterwasserpflanzen, die er mit seinem langen Hals gut erreicht, Gras. Zur Verdauungshilfe Steinchen und Erde. Kein Fischereischädling. – **Fortpflanzung**: Lebenslange Ehe; »Scheidungsrate« 3% bei Paaren, die erfolgreich gebrütet haben und 9% bei nicht erfolgreichen Paaren. Geschlechtsreif im 3. (♀) bzw. 4. (♂) Lebensjahr. Das große, mächtige Nest wird auf trockenem Boden nahe am Gewässer gebaut. Es enthält 5–8 Eier. Brutdauer 35–38 Tage. Die juv. werden monatelang geführt.

Saatgans

Anser fabalis (Lath.)

Gänse gehören zu den Entenvögeln (s. S. 54). – **Merkmale**: Eine kräftige, große, braune Gans mit orangegelb-schwarzem Schnabel (Nagel schwarz). Die Ausdehnung des Orangegelb schwankt sehr. Flachstirnig. Mitunter ein weißer Ring am Schnabelansatz. Beine orangegelb. Augenlid schwarz. Juv. mit hellen Beinen. – **Verwechslung**: Mit Kurzschnabelgans, aber deren Beine rosarot, zudem andere Kopfform: kurzer, hoher Schnabel, hohe Stirn. – **Vorkommen**: Tundren (Rasse *rossicus*) und lichter Nadelwald (Nord-Taiga) Eurasiens. Dz, W (IX–V) in der norddeutschen Tiefebene, am Neusiedler See. – **Nahrung**: Vegetarisch. Sommer: Gräser, Beeren; Winter: Gräser, Wintergetreide, Klee, Kartoffeln, Queckenwurzeln. – **Fortpflanzung**: Lebenslange Ehe. Geschlechtsreif wahrscheinlich im 3. Lebensjahr. Bodennest an Baumstamm oder in Büschen. Gelege 4–6 Eier. Brutdauer 27–29 Tage. Führungszeit wahrscheinlich 40 Tage. Familien bleiben bis zum Frühjahrsheimzug beieinander.

Kurzschnabelgans

Anser brachyrhynchus Baill.

Merkmale: Eine graue Gans mit schwarzbraunem Kopf und Hals, dazu kontrastieren die blaugraue Oberseite und die rosaroten (fleischfarbenen) Beine. Der schwarze Schnabel ist kurz und hoch und hinter dem Nagel mit rosa Binde. Hochstirnig. Augenlid schwarzbraun. Gelegentlich etwas Weiß am Schnabelansatz. Juv. oberseits brauner und dunkler, Beine heller, mitunter ockergelblich. – **Verwechslung**: Ad. mit der östlichen Rasse der Saatgans, aber größer und andere Beinfarbe. Juv. mit juv. Bläßgänsen, doch diese mit orangeroten Beinen. – **Vorkommen**: Brutvogel Spitzbergens, Islands und Ost-Grönlands. W in Nordseeländern (X–V). Nur 85000 Vögel. – **Nahrung**: Vegetarier; wie Graugans. – **Fortpflanzung**: Lebenslange Ehe. Geschlechtsreif im 3. Lebensjahr. Bodenbrüter auf Fels und Frostschutthügeln. Gelege 3–7 Eier. Brutdauer 26–28 Tage. Führungszeit 7–8 Wochen. Familien bleiben bis zur nächsten Brut beisammen.

Bläßgans

Anser albifrons (Scop.)

Merkmale: Eine dunkelköpfige graue Gans mit kräftigen, schwarzen Bauchstreifen (quer) und weißer Gesichtsmaske (Blässe). Hochstirnig. Beine orange, Schnabel und Nagel kräftig fleischfarben, bei der grönländischen Rasse *flavirostris* gelb. Augenlid normalerweise schwarzbraun. Juv. ohne Blässe, Schnabel mit dunklem Nagel. – **Verwechslung**: Mit der kleinen Zwerggans (*A. erythropus*), die jedoch gedrungener ist, deren Blässe die ganze Stirn einbezieht, und die gelbes Augenlid hat (seltener Dz, W). Juv. mit juv. Kurzschnabelgans. – **Vorkommen**: Zirkumpolar in der arktischen Tundra. Dz, W (X–IV) an Nordseeküsten, am Niederrhein, Neusiedlersee. – **Nahrung**: Vegetarier; Gräser. Daher bei Schneefall Winterflucht. – **Fortpflanzung**: Lebenslange Ehe. Geschlechtsreif im 3. Lebensjahr. Bodenbrüter. Gelege 5–6 Eier. Brutdauer 27–28 Tage. Führungszeit 40–43 Tage. Familien bleiben bis zum nächsten Frühjahr beieinander.

Graugans

Anser anser (L.)

Merkmale: Graugänse wirken silbergrau. Der große Schnabel der westlichen Rasse ist rein sattgelb mit hell-fleischfarbenem Nagel, der der östlichen Rasse kräftig rosa. Augenlider wie Schnabel gefärbt. Flachstirnig. Füße fleischfarben. Juv. sind dunkler und ohne den schmalen weißen Ring um die Schnabelwurzel. – **Verwechslung**: Mit Saatgänsen, deren Schnabelgelb stark ausgebildet ist; mit juv. Bläßgänsen, doch die mit orangefarbenen Beinen und schwarzem Nagel am Schnabel. – **Vorkommen**: Brutvogel östlich der Elbe und am Neusiedler See; in großen Flachmooren und an Binnenseen. Während Zug und Winter auf Weiden, Äckern, Brachland. Tz. – **Nahrung**: Vegetarier; Gräser, Kräuter, Stauden, Wurzeln, Samen, Knollen. – **Fortpflanzung**: Lebenslange Einehe. Geschlechtsreif mit Ende des 2. Lebensjahrs. Bodenbrüter. Gelege 3–14, meistens 4–9 Eier. Brutdauer 28–29 Tage. Nestflüchter, flugfähig mit 10 Wochen. Familie bleibt bis zum Frühjahr zusammen.

Die Graugänse sind die Stammeltern unserer Hausgänse. Konrad Lorenz hat ihr »menschliches« Verhalten in einfacher Sprache meisterhaft gedeutet.

Kanadagans

Branta canadensis (L.)

Merkmale: Eine sehr große, graubraune Gans mit schwarzem Kopf, Hals, Schnabel und Beinen. Kehle und Backen weiß. Juv. wie ad., Brustgefieder weniger gezeichnet und heller. – **Verwechslung**: Die kleinere Weißwangengans hat auch weiße Stirn und schwarze Brust. – **Vorkommen**: Kanada, Alaska. Als Brutvogel eingebürgert in Schweden (jetzt 1600 Paare) durch Bengt Berg 1929, Norwegen (1936) und Großbritannien (seit 1678, jetzt 2000 Paare), Finnland (1966). Bei uns freifliegender Parkvogel; Dz im Nordwesten und lokaler W in Norddeutscher Tiefebene. – **Nahrung**: Gras, Klee, Wasserpflanzen, Getreide; im Sommer auch Insekten, Würmer, Mollusken. – **Fortpflanzung**: Lebenslange Ehe. Geschlechtsreif im 3. Lebensjahr. Bodenbrüter in Sümpfen, auf Inseln, oft kolonieweise. Gelege 4–7 Eier. Brutdauer 28–30 Tage. Führungszeit etwa 2 Monate. Familien bleiben bis zur nächstjährigen Rückkehr zum Brutplatz zusammen.

Ringelgans

Branta bernicla (L.)

Merkmale: Eine kleine schwarze Gans mit weißem Schwanz und weißen Abzeichen an den Halsseiten. Bei der in Mitteleuropa überwinternden Rasse *bernicla* ist der Körper dunkelschiefergrau; bei der Rasse *hrota* (von Spitzbergen und Ostgrönland) hellbrauner, und Bauch und Flanken deutlich von dunkelbrauner Oberseite abgesetzt. Juv. ohne weiße Halszeichen, Einjährige mit kleineren und beide mit hellen Flügelbinden. – **Verwechslung**: Mit Weißwangengans, die aber ein weißes Gesicht hat. – **Vorkommen**: Arktis zirkumpolar. Dz (IX–XI, III–V), W in Nordseewatten. – **Nahrung**: Weidet in seichtem Wasser Seegras, Algen; Salzpflanzen, Seetiere; im Brutgebiet Moose, Flechten, Gras. – **Fortpflanzung**: Wahrscheinlich lebenslange Ehe. Eintritt der Geschlechtsreife unbekannt. Koloniebrüter. Bodennester oberhalb der Flutlinie von Flüssen, Seen oder Küste. Gelege 3–5 Eier. Brutdauer 24–26 Tage. Führungszeit unbekannt. Familien bleiben bis zum Frühjahrsheimzug zusammen.

Weißwangengans

Branta leucopsis (Bechst.)

Merkmale: Eine kleinere, schwarz-weiße Gans mit kurzem, dickem Hals und Kopf. Voraugenstreif, Scheitel, Hals und Brust sind schwarz. Gesicht weiß. Beine und Schnabel schwarz. Oberseits schwarz-weiß gebändert. Im Flug weißbäuchig. Bei juv. sind die schwarzen Partien des Gefieders dunkel graubraun; das Weiß des Gesichts ist weniger scharf abgesetzt und stumpfer. Oberseits weniger kontrastiert. – **Verwechslung**: Mit Kanadagans; mit Ringelgans, die aber einen schwarzen Kopf hat. – **Vorkommen**: Hocharktis: Spitzbergen, Ost-Grönland; Nowaya Zemlya, Waigatsch. Nur 75000 Vögel. Dz (X, III–IV) in Schleswig-Holstein, Küste Niedersachsens zu den niederländischen Winterquartieren. **Nahrung**: Vegetarisch. Im Winter vor allem Salzpflanzen, Seegras, Gräser. Nicht wählerisch. – **Fortpflanzung**: Lebenslange Ehe. Geschlechtsreif wahrscheinlich im 3. Lebensjahr. Koloniebrüter auf steilen Klippen und Felsbändern. Gelege 4–6 Eier. Brutdauer 24–25 Tage. Führungszeit ca. 7 Wochen. Familien bleiben bis zur nächsten Brutperiode zusammen.

Brandgans

Tadorna tadorna (L.)

Merkmale: Eine gansähnliche Ente (Entenvögel s. S. 54), schwarzgrün, weiß und satt rostfarben; Flügelspiegel grün. Beine blaß fleischfarben. Im Ruhekleid sind die Farben matter und Stirn und Backen weißlich. ♀ dann auch ohne schwarzes Bauchband. Schnabel im Brutkleid lackrot, im Ruhekleid fleischrosa, ♂ mit großem Knubbel über der Schnabelwurzel, im Ruhekleid Knubbel angedeutet. Juv. weiß, oberseits graubraun, Schnabel und Beine hellgrau, Handschwingen rostfarben. – **Verwechslung**: Mit ♂ Löffelente. – **Vorkommen**: Sandige und schlammige Küsten. Die nord- und westeuropäischen Brandgänse (ca. 100000) mausern im Juli, August auf dem Großen Knechtssand und sind dann flugunfähig. – **Nahrung**: Durchschnattert und gründelt Watt, Schlick und seichtes Wasser nach Mollusken, Insekten, Krebsen. – **Fortpflanzung**: Lebenslange Ehe die Regel. Geschlechtsreif mit 22 Monaten. Höhlenbrüter (Kaninchenbauten). Gelege 8–12 Eier. Brutdauer 28–30 Tage. Führungszeit in »Kindergärten« 6 Wochen. Eigene Eltern verschwinden schon nach 1 oder 2 Wochen zum Mauserplatz.

Pfeifente

Anas penelope L.

Merkmale: Beine bleigrau. Erpel (♂) im Prachtkleid (IX–VI) mit cremefarbener Stirn, rotbraunem Kopf, rosafarbener Brust, grauer Oberseite und Flanken, weißem Bauch und schwarzen Unterschwanzdecken. Im Fluge breite, weiße Schultern und metallgrüner Flügelspiegel. Im Ruhekleid (VII–X) wie ♀, aber weiße anstatt braungrauer Schulter und hellgrauer statt dunkel schiefergrauer Schnabel. Ente (♀) satt rötlichbraun, Bauch weiß, Flügelspiegel grün. Juv. wie ♀, aber Flügelspiegel schwärzlich. – **Verwechslung**: Enten und juv. mit anderen Enten. – **Vorkommen**: Auf größeren Binnengewässern Nord-Eurasiens. Im Winter Küstennähe bevorzugend. Brutvogel in Mecklenburg. Dz, W (VIII–V). – **Nahrung**: Weidet und pickt vom Wasser und Schlick auf, gründelt selten. Vegetarisch; Sumpf- und Wasserpflanzen, Gräser. – **Fortpflanzung**: Saisonehe. Wenige schon im 1. Lebensjahr brütend. Bodenbrüter in Zwergsträuchern, Büschen. Gelege 7–9 Eier. Brutdauer 22–25 Tage. Führungszeit durch das ♀ ca. 6 Wochen.

Schnatterente

Anas strepera L.

Merkmale: Flügelspiegel weiß, Beine orangegelb, Erpel (♂) im Prachtkleid (IX–VI) mit hellbraunem Kopf und schwarzem Hinterende. Schultern kastanienbraun, Schnabel bleigrau. Im Ruhekleid (VI–IX) wie ♀, aber mit den kastanienbraunen Schultern und ohne Flecken auf den gelben Schnabelseiten. Ente (♀) braun mit hellbraunem Kopf; Bauch weiß. Schnabel gelb mit grauen Flecken und grauer Mittellinie. Juv. wie ♀, aber Bauch braun gefleckt. Einjähriges ♂ noch mit Jugendflügel, d. h. fast ohne Kastanienbraun. – **Verwechslung**: Juv. mit juv. Stockenten (Schnabelfarbe!). – **Vorkommen**: Brutvogel an größeren, offen liegenden, seichten und vegetationsreichen Seen. Z, Österreich bis Ostafrika. Wenige bei uns überwinternd. – **Nahrung**: Seiht und gründelt im Wasser. Wasserpflanzen, im Sommer bis 10% Wassertierchen. Schmarotzt bei anderen Enten und Bläßhühnern. – **Fortpflanzung**: Saisonehe, aber mit »Seitensprüngen« des ♂. Verdecktes Bodennest in trockener, dichter Vegetation. Gelege 7–12 Eier. Brutdauer 24–26 Tage. Führungszeit durch das ♀ 6–7 Wochen.

Löffelente

Anas clypeata L.

Merkmale: Die einzige Ente mit einem Löffelschnabel. Beine orangerot. Schultern himmelblau. Erpel (♂) im Prachtkleid farbenprächtig (X/XI–VI); im Übergangskleid (VIII/IX–XI) wie Ruhekleid, aber Kehle schon weiß, Kopf schwarz mit weißen Flecken, Schnabel bleifarben; im Ruhekleid (VI–VIII/IX) wie ♀ braun, aber mit gelbem Auge. ♀ und juv. mit braunem Auge. – **Verwechslung**: Erpel im Prachtkleid mit Brandgans, aber Löffelerpel mit rostfarbenem, nicht weißem Bauch und Flanken. – **Vorkommen**: Boreale und gemäßigte Zonen der Nordhalbkugel. An flachen, offenen, vegetationsreichen Süß- und Brackwässern des Flachlandes. Z. – **Nahrung**: Filtert schnatternd offenes Wasser nach Krebsen, Mollusken, Insekten durch. Bevorzugt im Winter Samen. Gründelt selten. – **Fortpflanzung**: Saisonehe. Bodenbrüter auf trockenem Boden in Wassernähe. Gelege 7–12 Eier. Brutdauer 22–25 Tage. Führungszeit durch das ♀ 6–7 Wochen.

Stockente

Anas platyrhynchos L.

Zu allen Jahreszeiten sind bei uns die Stockenten die häufigste Art. Sie sind die Stammeltern unserer Hausente; Bastarde sind nicht selten. – **Merkmale**: Der tiefblaue Flügelspiegel ist weiß eingefaßt. Beine orangerot. Beim Erpel (♂) im Prachtkleid (VIII–VI) Kopf dunkelgrün, durch weißen Halsring von der dunkelbraunen Brust getrennt. ♂ im Ruhekleid und ♀ braun gefleckt, Schnabel grünoliv. Juv. wie ♀, aber Schnabel rötlich hornfarben und Beine gelb bis orangegelb. – **Verwechslung**: In den braunen Kleidern mit Schnatterente. – **Vorkommen**: Eurasien, Nordamerika. Auf allen Gewässern in Stadt und Land. Tz. – **Nahrung**: Jahreszeitlich wechselnd. Von Spätherbst bis Vorfrühling fast nur pflanzlich (Samen, Wintertriebe); zur Brutzeit und im Frühsommer überwiegen Weichtiere und Insekten. – **Fortpflanzung**: Saisonehe. Boden- und Baumbrüter von größtem Einfallsreichtum; offene und Höhlennester mit meist 7–11 Eiern. Brutdauer 24–32 Tage. Das ♀ führt die juv. bis zur Flugfähigkeit mit 8 Wochen.

Spießente

Anas acuta L.

Merkmale: Beim Erpel (♂) im Prachtkleid (XI/XII–VI) Kopf und Hinterhals braun, mit stilettförmigem Fortsatz der weißen Halsfärbung. Schwarze, lange Schwanzspieße. Flanken und Oberkörper grau. Ruhekleid (VI–XI/XII) wie ♀, d. h. hellbraun gestreift. Schnabel beider bleigrau. Beine blaugrau. Flügelspiegel grün, beim ♀ undeutlich rostbräunlich. Juv. wie ♂ im Ruhekleid bzw. ♀. – **Verwechslung**: In den braunen Kleidern mit Krickente und Knäkente, die aber beide viel kleiner sind. – **Vorkommen**: Nord-Eurasien, Nordamerika. Auf großen vegetationsreichen Seen, in Mooren, Heiden und Dünen. Auf dem Zug und im Winter in Flußmündungen, Lagunen und an der Meeresküste. Brutvogel in Norddeutschland (130 Paare) und im Burgenland. Tz. – **Nahrung**: Wie bei der Stockente jahreszeitlich wechselnd. Nahrungssuche in flachen Binnenseen und im Watt. – **Fortpflanzung**: Saisonehe. Bodenbrüter in möglichst trockenem Gelände, meist offen auf Weiden und in Saatfeldern. Normal 7–11 Eier. Brutdauer 21–23 Tage. Das ♀ führt die juv. bis zur Flugfähigkeit mit 7 Wochen.

Krickente

Anas crecca L.

Merkmale: Unsere kleinste Ente; gedrungen, mit dunklen Beinen und schwarzgrauem Schnabel. Flügelspiegel grün. Der graue Erpel (♂) im Prachtkleid (X–VII) mit kastanienbraunem Kopf, geschwungenen grünen Augenbrauen, weißem Flankenstreifen und orangefarbenen Feldern am schwarzen Hinterkörper. Im Ruhekleid (nur VIII–IX) wie ♀ mit brauner Oberseite und Brust, weißem Bauch. Juv. wie ♀, aber auch Bauch braun gesprenkelt und Schnabel hornfarben. – **Verwechslung**: Mit ♀ Knäkente, die jedoch am Kopf gestreift ist und deren grüner Flügelspiegel schmaler ist. – **Vorkommen**: Gemäßigte und kalte Zonen der Nordhalbkugel. Auf Flachwassern mit Schlick und Sand jeder Art. JZ. – **Nahrung**: Im Frühling und Sommer vorwiegend Insekten sowie Mollusken; im Herbst, Winter hingegen kleine Samen, wenig Schlicktiere. Die Nahrung wird vom Schlick aufgepickt, mit Kopf unter Wasser oder durch Gründeln gesammelt. – **Fortpflanzung**: Saisonehe. Bodenbrüter mit einfallsreichen Verstecken bis 1 km vom Wasser entfernt, selbst im Wald. Gelege 8–11 Eier. Brutdauer 21–23 Tage. ♀ führt die juv. 1 Monat lang; diese spätestens mit 44 Tagen flugfähig.

Knäkente

Anas querquedula L.

Merkmale: Recht klein. Grüner Flügelspiegel mit breiter, weißer Fassung. Schnabel bleigrau (♂) bzw. olivgrau (♀); Beine dunkelgrau. Erpel im Prachtkleid mit breitem weißen Überaugenstreif auf rotbraunem Kopf, hellgrauen Seiten und im Flug hellblauer Schulter. Im Ruhekleid (VI–IX) ähnlich ♀, aber Schultern blaugrau. Das braune ♀ mit schwarzbraunem Oberkopf und breitem beigem Augenstreif; Bauch weiß. Juv. mit braunem Bauch, ♀ juv. mit hellbraunem Spiegel. – **Verwechslung**: Mit ♀ Krickente, deren Kopf aber kontrastarmer braun ist, und die mehr Grün im Spiegel hat. – **Vorkommen**: Unsere zweithäufigste Schwimmente. Auf nahrungsreichen, seichten, offenen Gewässern der Ebenen mit guter Deckung. Z; überwintert in Afrika. – **Nahrung**: Frißt mit Kopf unter Wasser Wasserpflanzen und Wassergetier. Im Frühjahr tierische Nahrung allein. – **Fortpflanzung**: Saisonehe. Bodenbrüter in trockenem Gras oder Gebüsch. Nest versteckt. Gelege 8–11 Eier. Brutdauer 21–23 Tage. Führung durch das ♀ 35–40 Tage bis zur Flugfähigkeit.

Kolbenente

(Abb. oben ♀, unten ♂)

Netta rufina (Pall.)

Merkmale: Eine kompakte, kleine Tauchente mit dickem Kopf. Erpel (♂) mit lackrotem Schnabel und hellrotem Auge. Im Prachtkleid (X–VI) Kopf fuchsrot, Hals und Brust schwarz; Flügelbug weiß. Im Flug Hinterflügel weiß. Im Ruhekleid (VI–X) Gefieder wie ♀. Ente (♀) oberseits dunkelbraun, unterseits hellbraun, mit weißgrauen Wangen; Schnabel graubraun, Auge braun, im Brutkleid rotbraun. Juv. wie ♀, Flanken und Brust ohne Konturen. Beine beim ♂ rot mit schwarzen Gelenken, beim ♀ rosa und grau, beim juv. braunorange. – **Verwechslung**: ♀ mit ♀ Trauerente, die jedoch auf dem Meer lebt und ohne Weiß im Flügel ist. Schnabel anders. – **Vorkommen**: Brutvogel des warmen Zentralasiens; bei uns in Ostholstein, auf Fehmarn, am Bodensee und in Bayern sowie Mecklenburg (ca. 120 Paare). – Z. – **Nahrung**: Armleuchteralgen (*Characeae*), daneben andere Wasserpflanzen und ein wenig Wassergetier. – **Fortpflanzung**: Saisonehe. Bodenbrüter, Nest wassernah und versteckt in dichtester Vegetation. Gelege 8–10 Eier. Brutdauer 26–28 Tage. Führungszeit durch das ♀ 45–50 Tage.

Entenvögel – Anseriformes

(S. 36–69)

Nur 1 Familie (*Anatidae*): Schwäne – Gänse – Enten – Säger

Wasservögel mit hoch entwickeltem Schnabel, Schwimmhäuten zwischen den Vorderzehen und dichtem Pelzdunen-Unterkleid. Die ♂♂ besitzen einen Penis. Der mit Lamellen besetzte Schnabel ist von einer weichen Haut überzogen (Ausnahme: Säger) und mit einer Stempelzunge versehen. Beim Seihen saugt die Stempelzunge das Wasser mit leicht geöffnetem Schnabel an und preßt es beim Zuschnappen durch die Lamellen wieder heraus (»Schnattern«). Gänse haben starke Lamellen, mit denen sie Gras abbeißen können, Säger scharfe Zähne, mit denen sie die Fische greifen und festhalten. Während der Vollmauser im Anschluß an die Brutzeit sind alle Arten für 3–7 Wochen flugunfähig, da sie alle Schwingen zur gleichen Zeit abwerfen. Viele Arten ziehen dann (Mauserzug) zu einsamen, nahrungsreichen, geschützten Mauserplätzen.

Tafelente

(Abb. oben ♀, unten ♂)

Aythia ferina (L.)

Tauchenten (Gattung *Aythia*) haben einen kurzen, gedrungenen Körper und hinten ansitzende Beine, so daß sie im Stehen eine schräge Haltung einnehmen. Bis auf die Moorente müssen sie beim Auffliegen erst einmal Anlauf nehmen und können nicht wie die Schwimmenten (Gattung *Anas*) direkt und aus dem Stand hoch- und abfliegen. – **Merkmale**: Ohne auffallende Flügelbinde. Tafelerpel (♂) im Prachtkleid (XI–VII): rotbrauner Kopf und Hals, Brust und Körperende schwarz, Flanken und Rücken grau. Auge orange bis rot, Schnabel schwarz mit hellgrauem Mittelfeld. Im Ruhekleid (VI–XI) sind die schwarzen Partien braun und das Rotbraun stumpfer. Ente (♀) dunkelbraun, Flanken und Rücken grau, fein dunkel quergewellt. Auge braun. Schnabel grau mit blauer Binde. Juv. einheitlich dunkelbraun mit Wellenzeichnung auf Flanken und Flügeln. Schnabel dunkelgrau, Auge braun, bei Erpeln bald schon etwas orange auf hellem Grund. – **Verwechslung**: ♀ mit denen der Reiher- und Bergente, aber zu unterscheiden an verwaschenem, hellbraunem Fleck an Kinn und Schnabelgrund sowie braunen (statt gelben) Augen. – **Vorkommen**: Europa, West- und Mittelsibirien. Nahrungsreiche, ruhige Wasser von höchstens 1 m Tiefe mit Rohrgürtel. Außerhalb der Brutzeit verstärkt auf Kunstseen. Brutvogel mit Schwerpunkten im östlichen Schleswig-Holstein, Bayern, DDR, Burgenland. TZ. – **Nahrung**: Tierische und pflanzliche aller Art, von kleinsten Mückenlarven bis zu 8 cm langen Pflanzenteilen. – **Fortpflanzung**: Saisonehe. Bodenbrüter, Nest im Röhricht oder in der Ufervegetation; wassernah. Gelege 6–11 Eier. Brutdauer 24–28 Tage. Das ♀ führt die juv. 50–55 Tage.

Moorente

Aythia nyroca (Güld.)

Merkmale: Im Fluge sieht man einen dunkel rotbraunen, runden Körper mit relativ kurzen, weißen Schwirrflügeln in raschestem Flügelschlag. – Eine dunkel mahagonifarbene Ente mit weißem Hinterende (ad.), Flügelspiegel (und silberweißem Bauch). Schnabel und Beine grau. ♂ mit weißem, ♀ mit dunklem Auge. Juv. wie ♀, aber Hinterende braun. – **Verwechslung**: Juv. mit ♀ Tafelente, doch diese braun statt rot getönt und ohne Weiß im Flügel. – **Vorkommen**: Brutvogel des südlichen Osteuropas, bei uns u. a. Odermündung, Lausitz, Neusiedler See. Heimlich; auf seichten, mit Röhricht bestandenen Seen, bevorzugt in dichtem Bewuchs. Z; überwintert südwärts bis Senegal/Sudan. – **Nahrung**: Wasserpflanzen, vor allem Armleuchteralgen (*Characeae*) und Wasserlinsen (*Lemnaceae*) sowie Wassergetier bis 3 cm Länge. – **Fortpflanzung**: Saisonehe. Bodenbrüter, in schwimmender und Ufer-Vegetation. Kann Kolonien bilden. Gelege 7–11 Eier. Brutdauer 22–28 Tage. Das ♀ führt die juv. 50–60 Tage bis zur Flugfähigkeit.

Bergente

(Abb. links ♀, rechts ♂)

Aythia marila (L.)

Merkmale: Gelbäugig, Spiegel weiß. Erpel (♂) im Prachtkleid (IX/X–VII) mit weißen Flanken und silberner Oberseite, schwarzgrünem Kopf und glänzend schwarzer Brust und Heck. Im Schlichtkleid (VII–IX) Flanken und Oberseite hellgrau mit braunen Wellen, sonst dunkelbraun. Ente (♀) dunkelbraun mit breiter weißer Blässe rund um den grauen Schnabel; im Brutkleid Blässe weniger ausgedehnt und mit weißen Ohrfedern. Juv. ähnlich ♀ im Brutkleid mit rundem, hellbeigem Fleck am Schnabelansatz, hellbraunen Backen. ♀ juv. mit braunen Augen. – **Verwechslung**: ♀ und vor allem juv. leicht mit ♀ Reiherenten, die kleinen weißen Fleck bis Ring am Schnabelansatz zeigen können. Deren Oberseite aber ohne Konturen. – **Vorkommen**: Brutvogel am Nordrand der Nordhalbkugel, südwärts bis in die Schären des Bottnischen Golfs. Im Winter an Salzwasser. W (X–IV). – **Nahrung**: Taucht nach Mollusken, Krebsen; im Sommer Wasserinsekten. Im Süßwasser bis zu 43% Wasserpflanzen. – **Fortpflanzung**: Saisonehe. Geschlechtsreif wahrscheinlich erst im 2. Lebensjahr. Gelege 7–12 Eier. Brutdauer 26–28 Tage. Das ♀ führt die juv. 35–40 Tage; flugfähig mit 45 Tagen.

Reiherente

Aythia fuligula (L.)

Merkmale: Gelbäugig. Spiegel weiß. Erpel (♂) im Prachtkleid (IX/X–VI) schwarz mit weißen Flanken. Kopf purpurviolett schimmernd, mit Federbusch am Hinterkopf. ♀ und juv. schwarzbraun. ♀ im Ruhekleid mit schmalem, weißem Schnabelgrund, Erpel von VI–X düsterer, braun. – **Verwechslung**: Mit der Bergente. Bei dieser ♂ mit hellgrauem statt schwarzem Rücken, mit grün schimmerndem schwarzen Kopf; ♀ im Winter mit breitem weißem Ring am Schnabelgrund. – **Vorkommen**: Brutvogel an bis 6 m tiefen Seen und Teichen und an der Ostseeküste. Außerhalb der Brutzeit auch auf langsam fließenden Gewässern. TZ. – **Nahrung**: Vor allem Mollusken, besonders die Wandermuschel (*Dreissena polymorpha*). – **Fortpflanzung**: Saisonehe; Bigamie kommt vor. Nest auf Inselchen am Boden, meist gut versteckt, auch in Höhlungen. Gelege 5–12 Eier. Brutdauer 23–25 Tage. Das ♀ führt die juv. 6 Wochen lang; flugfähig mit 9 Wochen.

Eiderente

Somateria mollissima (L.)

Merkmale: Durch ihren eigenartig hohen Schnabel, der stufenlos in die flache Stirn übergeht, unterscheidet sich die gänsegroße Eiderente von allen anderen Arten, die bei uns regelmäßig vorkommen. Das ♀ zeigt das übliche Entenbraun und eine kleine weiße Flügelbinde, der Erpel (♂) schwarzen Bauch und Flanken und weiße Oberseite. Je nach Alter und Mauserstadium sind Kopf und Hals entweder weiß mit schwarzer Kopfplatte und grünem Hinterkopf (1. und ad.-Prachtkleid; IX–VII) oder schokoladenbraun (Ruhekleid, VII–IX; 2. Prachtkleid). Charakteristisch für das Ruhekleid ist die braune Brust, für 1. und 2. Prachtkleid einzelne dunkelbraune Federn im Weiß und die dunklen Enden der sichelförmigen Ellbogenfedern. – **Vorkommen**: Meeresente. Brutvogel der Friesischen Inseln (2700 Paare) und der kalten Küsten der Nordhalbkugel. Äußerst gefährdet durch Ölpest und Umweltgifte. St. – **Nahrung**: Taucht, gründelt und sammelt Mollusken, Krebse, Stachelhäuter. – **Fortpflanzung**: Saisonehe mit »Seitensprüngen« des ♂. Geschlechtsreif spätestens mit 3 Jahren. Bodenbrüter in Meeresnähe, gerne kolonieweise. Gelege 3–6 Eier. Brutdauer 25–28 Tage. Das ♀ führt 2 Monate; juv. flugfähig mit 9–11 Wochen.

Trauerente

Melanitta nigra (L.)

Merkmale: Ein großer, pechscharzer Erpel mit orange und gelbem Oberschnabel. Ente (♀) und juv. schwarzbraun mit hellen Backen und Kinn. Schnabel grau. Erpel (♂) im düsteren Ruhekleid am Gelb des Schnabels erkennbar. – **Verwechslung**: Mit Samtente. ♀ mit ♀ der größeren Kolbenente, die aber auf Süßwasser beschränkt ist. – **Vorkommen**: Im Brutgebiet, dem Nordrand Eurasiens, an Flüssen, auf Süßwasserseen und Hochmooren. Außerhalb der Brutzeit Meeresente. Mausergast und W (ab VII) vor der dänischen und schleswig-holsteinischen Westküste. Dz (III–V) in Schleswig-Holstein. – **Nahrung**: Taucht nach Mollusken. Im Brutgebiet Chironomiden-Larven, Wasserflöhe und Fischeier fressend. – **Fortpflanzung**: Saisonehe. Geschlechtsreif mit 2–3 Jahren. Bodenbrüter. Nest ufernah in dichter und hoher Stauden- und Strauchvegetation. Gelege 6–9 Eier. Brutdauer 30–31 Tage. Das ♀ führt die juv. 6–7 Wochen, mitunter »Kindergärten«-Bildung.

Samtente

Melanitta fusca (L.)

Merkmale: Erpel (♂) groß, pechschwarz, mit weißem Keilfleck unter dem Auge, weißer Flügelbinde und gelbem Schnabelrand. Beine rot. 1. Prachtkleid ohne weißen Augenfleck. ♀ und juv. schwarzbraun mit zwei hellgrauen Gesichtsflecken (Mundwinkel, Ohr) und weißem Flügelspiegel. Beine schmutzigrot. Schnabel grau. – **Verwechslung**: Erpel mit Trauererpel, der aber ohne jedes Weiß ist. – **Vorkommen**: Tundra und nördliche Taiga Eurasiens, Bottnischer Meerbusen. Dz, W (X–IV), vor allem auf dem Meere. Einige übersommern. – **Nahrung**: Taucht nach Mollusken. Ferner Krebse, Stachelhäuter. Am Brutplatz überwiegen Insektenlarven; Wasserpflanzen. – **Fortpflanzung**: Saisonehe. Geschlechtsreif im 2. Lebensjahr. Bodenbrüter in Gebüsch und Gräsern. Gelege 7–10 Eier. Brutdauer 26–29 Tage. Die juv. werden max. 4–5 Wochen geführt; das ♀ ist aber eine schlechte Mutter und führt wahllos und unaufmerksam eigene und/oder fremde Kinder. Juv. mit 2 Monaten flugfähig.

Eisente

(Abb. ♂ im Prachtkleid)

Clangula hyemalis (L.)

Merkmale: Eine Meeresente mit einer verwirrenden Vielzahl von Kleidern in beiden Geschlechtern. Die Farben sind Weiß, Grau und Sattbraun. Flügel einfarbig braun. Das große Auge ist beim ♀ braun, beim ♂ hellbraun bis orange. Erpel (♂) im Prachtkleid (Winterkleid) vorwiegend schneeweiß, im Sommerkleid sattbraun. Erpel mit langen Schwanzspießen, Schnabel blaßrot und grau mit schwarzem Nagel. ♀ im Prachtkleid (Winterkleid) oberseits braun, Backen braun, Augenpartie grau, Halsseite weiß, hochgezogen. Juv. ohne Grau im Gesicht. – **Vorkommen**: Tundra der Nordhalbkugel. W (IX–V) an der Ostseeküste, seltener Nordsee. Stark durch Ölpest gefährdet. – **Nahrung**: Taucht nach Mollusken, Fischchen, Krebsen; Sprungtauchen typisch. Am Brutplatz Insekten, Wasserflöhe, Fischlaich. – **Fortpflanzung**: Saisonehe. Geschlechtsreif im 2. Lebensjahr. Bodenbrüter in Wassernähe. Nest in Tundravegetation versteckt. Gelege 5–9 Eier. Brutdauer 24–29 Tage. Das ♀ führt die juv. 35–40 Tage; »Kindergärten« bildend.

Schellente

Bucephala clangula (L.)

Merkmale: Eine gedrungene, hochstirnige Tauchente mit buschigem Kopf. Erpel (♂) im Prachtkleid (X–VII) weiß, schwarz mit schwarzgrün schillerndem Kopf; ein weißer Fleck vor dem goldgelben Auge. Schnabel dunkelgrau. Beine orangegelb. Im Ruhekleid (VII–XI) wie ♀, nicht aber Auge und Schnabel. Kein Halsband. ♂ im 1. Prachtkleid Kopf dunkelbraun mit weißlichem Fleck vorm gelben Auge, Körper grau. ♀ grau mit schokoladebraunem Kopf, weißem Halsband, dunkelbraunen Flügeln mit weißem Spiegel (als Seitenstreifen sichtbar). Dunkelgrauer Schnabel, mit blaßrosa Band im Prachtkleid. Auge blaßgelb bis weiß. Juv. brauner, ohne Halsband, Beine gelbbraun. – **Vorkommen**: Seen und Flüsse der nordeuropäisch-asiatischen Wälder. Brutvogel von Ost-Holstein an ostwärts; in der Lausitz. Im Winterhalbjahr auch am Meer. JZ. – **Nahrung**: Taucht nach Insekten, Krebsen, Mollusken; im Herbst Wasserpflanzen. – **Fortpflanzung**: Saisonehe. Geschlechtsreif im 2. Lebensjahr. Höhlenbrüter in Bäumen, Nistkästen, Kaninchenhöhlen. Gelege 8–11 Eier. Brutdauer 29–30 Tage. Juv. springen mit 24–37 Stunden aus der Nesthöhle. ♀ führt sie 50 Tage; flugfähig mit 8–9 Wochen.

Zwergsäger

Mergus albellus L.

Merkmale: Schnabel, Beine bleigrau. Ein kleiner, entenartig wirkender Säger, dessen Erpel (♂) im Prachtkleid (XI–VI) strahlend weiß aussieht. Schwarze Bänder, Augenpartie und Rücken. Flanken grau quergewellt. ♂ im Ruhekleid (VII–X) und ♀ grau mit rotbraunem Oberkopf, Nacken, schwarzer Augenpartie, weißen Wangen und Hals; bei juv. braun statt grau. – **Verwechslung**: ♀ mit ♀ Trauerente, die aber düsterer braun ist und keine weißen, sondern graue Wangen hat. – **Vorkommen**: Nadelwaldzone (Taiga) Eurasiens, an stehenden und langsam fließenden Gewässern. W (X–IV) an der Küste und im Binnenland. – **Nahrung**: Taucht nach Fischchen. Zur Brutzeit und im Sommer nur Wasserinsekten. – **Fortpflanzung**: Saisonehe. Geschlechtsreif wahrscheinlich im 2. Lebensjahr. Höhlenbrüter in Bäumen, Nistkästen. Gelege 7–9 Eier. Brutdauer 26–28 Tage. Führungszeit unbekannt.

Mittelsäger

Mergus serrator L.

Merkmale: Ein großer schlanker Säger mit dünnem, spitzem Schnabel. Schnabel und Beine lackrot (♂) bzw. gelbrot (♀, juv.). Erpel (♂) im Prachtkleid (X–VII): Kopf und Haube schwarzgrün schimmernd, rotes Auge, weißes Halsband über braunem Brustband. Zwischen schwarzem Rücken und grau gewellter Unterseite weiß. Weiße Fenster am Flügelbug. Im Ruhekleid (VII–X) wie ♀, aber mit weißer Seitenlinie. ♀ und juv. braun, Bauch weiß. Weißer Flügelspiegel mit schwarzer Mittellinie. – **Verwechslung**: ♀ und juv. leicht mit ♀ und juv. Gänsesäger. – **Vorkommen**: In der borealen und Tundra-Zone, zirkumpolar. In Nordwesteuropa bis an die deutsche Ostseeküste und bei Amrum (ca. 340 Brutpaare). Bevorzugt flaches Salzwasser über sandigem Grund. TZ. – **Nahrung**: Taucht nach Fischchen, die er mit eingetauchtem Kopf erspäht; liebt Gruppenjagd. Im Sommer auch alle anderen Wassertiere. – **Fortpflanzung**: Saisonehe, Polygamie kommt vor. Geschlechtsreif mit 2 Jahren. Bodenbrüter. Nest versteckt in dichter ufernaher Vegetation, in Erdlöchern, Gebäuden, etc. Gelege 6–12 Eier. Brutdauer 29–35 Tage. Führungszeit unbekannt. »Kindergärten« umfassen bis zu 100 Junge und werden von 1 ♀ geführt.

Gänsesäger

(Abb. oben ♂, unten ♀ mit juv.)

Mergus merganser L.

Die großen Säger liegen beim Schwimmen tief im Wasser und sehen dadurch flach und stromlinienförmig aus. Ihre schmalen und dünnen Schnäbel haben an den Schnabelrändern scharfe Sägezähnchen und einen hakenförmigen Nagel; beides hervorragende Anpassungen an die Fischjagd. – **Merkmale**: Die Gänsesäger sind größer als Stockenten; der Schnabel ist korallenfarbig. Das ♂ im Prachtkleid (IX–VI) hat eine weiße, lachsrötlich getönte Brust und Unterseite, der Rücken ist schwarz, Kopf und Hals schimmern grünschwarz; Auge schwarzbraun, Beine rot. ♂ im Ruhekleid (VI–X) ähnlich ♀, jedoch mit weißem Vorderhals, Vorderbrust und Vorderflügel. ♀ hellgrau, Kopf und Hals sattbraun, scharf vom Grau des unteren Halses und der Brust abgesetzt. Kehle klar weiß. Vorderflügel grau. Beine orange. Juv. wie ♀, aber wie ♂ im Ruhekleid mit weißem Vorderhals, ferner mit weißem Augenstreif, gelbbraunem Schnabel; Auge gelb, Beine gelbbraun bis orange. – **Verwechslung**: ♀, juv. und Ruhekleid des ♂ sehr leicht mit den gleichen Kleidern des Mittelsägers; aber bei ihm geht das Braun des Halses stufenlos in das Graubraun der Brust über, und die Körperfarbe ist braun, nicht grau. Außerdem fehlt dem Mittelsäger die weiße Kehle. Der Schnabelhaken ist beim Gänsesäger sehr ausgeprägt. – **Vorkommen**: Zirkumpolar in der Taigazone und im Gebirge an klaren, rasch fließenden Gewässern und Seen. Brutvogel im östlichen Schleswig-Holstein und ostwärts und am Alpennordrand, insgesamt ca. 300 Paare. JZ. – **Nahrung**: Taucht nach Fischen. Späht mit Kopf unter Wasser. Auch Frösche, Wasserinsekten, Krebse. – **Fortpflanzung**: Saisonehe. Geschlechtsreif im 2. Lebensjahr. Höhlenbrüter in Bäumen, Nistkästen, Erdlöchern, in Gebäuden, notfalls in dichtem Gestrüpp; oft weit vom Wasser entfernt. Mehrere ♀♀ können zusammenlegen. Brutdauer 30–35 Tage. Die juv. verlassen die Bruthöhle etwa nach 2 Tagen. Bei Gefahr transportiert das ♀ die juv. auf dem Rücken von der Bruthöhle weg. Sie ruhen sich auch auf dem Rücken der schwimmenden Mutter aus. Führungszeit des ♀ unbekannt, juv. flugfähig mit 60–70 Tagen. »Kindergärten« weitaus seltener und kleiner als beim Mittelsäger.

Wasserralle

Rallus aquaticus L.

Rallen sind an vegetationsdichte Feuchtbiotope angepaßte, tagaktive Vögel. Ihr Körper ist stark seitlich zusammengedrückt, die Wirbelsäule ist sehr beweglich und die Vorderzehen sind sehr lang. Der Schwanz ist kurz, die Flügel sind rund. – **Merkmale**: Etwas größer als eine Amsel; mit langem, rotem Schnabel. Gesicht, Unterseite schiefergrau, Flanken schwarz-weiß gebändert; oberseits olivbraun mit schwarzen Streifen. Juv. unterseits verwaschen braun-beige gestreift. Fliegt sehr ungern. – **Verwechslung**: Alle anderen Rallen haben kurze Schnäbel. – **Vorkommen**: Gemäßigtes Eurasien. Sehr heimlich in dichtester Feuchtvegetation. Brütet bis 1240 m Höhe (obere Schilfgrenze). TZ. – **Nahrung**: Kleine Wasser- und Ufertiere der weichen und schlammigen Böden. Auch Frösche, Kleinvögel, Beeren. – **Fortpflanzung**: Saisonsehe. Geschlechtsreif im 2. Lebensjahr. Bodennest gut versteckt, mit Haube; meist wassernah oder im Schilf. Gelege 7–11 Eier. Brutdauer 19–21 Tage. Beide Eltern führen etwa 20–30 Tage, juv. flugfähig mit 7–8 Wochen. 1–2 Jahresbruten.

Tüpfelsumpfhuhn

Porzana porzana (L.)

Merkmale: Eine amselgroße Ralle, die im Gegensatz zur Wasserralle einen kurzen, gelblich- bzw. olivgrünen Schnabel und grüne Beine hat. Schnabelwurzel rot (♂) bis orangegelb (♀). Weitere Unterschiede: Brust düster olivgrau mit weißen Tüpfeln, braune Ohrdecken, Bauch graubräunlich, Flanken weiß-olivbraun quergebändert, Unterschwanzdekken braungelb. Juv. von VII–IX heller und blasser, ohne Grau im Gesicht. Kehle weißlich. – **Verwechslung**: Keine unserer anderen Rallen mit Flankenstreifen (4 Arten) zeigt Tüpfelung. – **Vorkommen**: Gemäßigtes Europa, Westsibirien. Äußerst heimlich. In Sümpfen, Naßwiesen, Gräben, Mooren, an feuchten Ufern. Z, überwintert vom Sudan bis Rhodesien, im Senegal und in den Tschad-Sümpfen. – **Nahrung**: Wasser- und Schlammtierchen, zarte Pflanzen, Samen. – **Fortpflanzung**: Saisonehe. Bodennest mit Zeltdach. Gelege 8–12 Eier. Brutdauer 18–19 Tage. Beide Eltern führen, Zeitspanne unbekannt. Juv. mit 35–42 Tagen flugfähig.

Teichhuhn

Gallinula chloropus (L.)

Eine Ralle, die bei uns zum häufigen, vertrauten Parkvogel geworden ist. – **Merkmale**: Schnabel und Stirnschild lackrot. Gefieder düster grauschwarz mit dünnem, weißem Flankenstrich. Beine grün. Der unterseits weiße Schwanz wird meist hochgestellt. Juv. graubraun mit beiger Kehle. – **Verwechslung**: Juv. mit jungen Bläßhühnern, denen aber die weißen Unterschwanzdecken fehlen. – **Vorkommen**: Sumpfige und schlammige Uferzonen auch kleinster Binnengewässer; nahezu weltweit. Liebt dichte, üppige Vegetation. JZ. – **Nahrung**: Jahreszeitliche Unterschiede. Pflanzen und Tiere der Uferzone unter und über dem Wasser, im Winter auch Gras. – **Fortpflanzung**: Einehe unterschiedlicher Dauer. Nest normalerweise versteckt am Boden, in Büschen und selbst in Bäumen; in den städtischen Parks auch völlig frei stehend. Gelege 5–11 Eier. Brutdauer 17–24 Tage. Nestflüchter, die mit rund 35 Tagen flugfähig sind. Der Familienverband bleibt länger bestehen. 2 Bruten sind üblich, maximal 4.

Bläßhuhn

Fulica atra L.

Eine an das Wasserleben und Tauchen angepaßte Ralle. Vertrauter Wintergast auf den Seen und Flüssen unserer Städte. – **Merkmale**: Ein pechschwarzer Vogel mit weißem Stirnschild und Schnabel. Farbe der Lappenfüße variabel von Bleigrau bis Gelb. Auge bei Jungen braun, bei Altvögeln rot. Junge wie junge Teichhühner, aber ohne deren weiße Unterschwanzdecken. – **Vorkommen**: Eurasien, Australien. Stehende und langsam fließende, nahrungsreiche Gewässer von über 100 m^2 Fläche mit flachen, bewachsenen Ufern; auch Parkteiche. JZ. – **Nahrung**: Pflanzen und Tiere am Ufer, auf und unter Wasser. Bläßhühner können gründeln und tauchen, aufpicken und grasen. Es überwiegen Wasserpflanzen, kleine Weichtiere und Wasserinsekten. Hauptnahrung an vielen Plätzen die Wandermuschel (*Dreissena polymorpha*). – **Fortpflanzung**: Saisonehe, evtl. länger haltend. Nest in dichter Ufervegetation im Wasser. Gelege meist 5–10 Eier. Brutdauer 22–24 Tage. Nestflüchter, die mit ca. 8 Wochen flugfähig werden; von beiden Eltern geführt. Zweitbruten als Einzelfälle bekannt.

Schnepfenvögel – Charadrii

(S. 74–115)

Die Unterordnung der Schnepfenvögel – man nennt sie auch Watvögel, Limikolen – stellt in diesem Buch die größte Gruppe (35 Arten) der 144 beschriebenen Vogelarten. Die Ordnung Charadriiformes gar, zu der auch die Möwenvögel und die Alken gehören, stellt 58 Arten und damit etwas über 50%.

Limikolen sind langbeinige Bodenvögel meist braunen Gefieders. Ihre meist langen Schnäbel sind zum Stochern und Tasten besonders geeignet. Sie fliegen schnell und wendig und sind spatzen- bis hühnergroß. Bis auf den Triel und den Mornell haben alle hier besprochenen Arten ein Gelege von 4 braunen »Kiebitzeiern«, das frei auf dem Boden liegt. Alle sind Nestflüchter; die tarnfarbigen Küken kommen schon langbeinig zur Welt.

Hier werden 5 Familien vorgestellt: Austernfischer (*Haematopodidae*), Regenpfeifer (*Charadriidae*), Schnepfen (*Scolopacidae*), Säbelschnäbler und Stelzenläufer (*Recurvirostridae*), Burhinidae (*Triele*).

Kiebitz

Vanellus vanellus (L.)

Unter den zahlreichen Watvögeln ist der Kiebitz mit Abstand der häufigste Binnenlandbrüter und zudem derjenige, der dem Laien am ehesten begegnen und auch auffallen wird. – **Merkmale**: Ein taubengroßer, schwarz-weißer Vogel mit breiten, runden Flügeln, der durch seinen wuchtelnden Balzflug und Revierverteidigungsflug sowie seinen Ruf »chiewitt« sofort bestimmbar ist. Er trägt einen langen Nackenschopf, sein dunkles Gefieder hat metallisch purpurnen und grünen Glanz. – **Vorkommen**: Flache, vegetationsarme bis -leere, großräumige Flächen: Wiesen, Äcker, Dünen, Brache. Z, schon in West- und Südeuropa überwinternd. – **Nahrung**: Kleine Bodentiere aller Art, die durch Bodenklopfen hervorgelockt und dann aus dem Boden gebohrt oder aufgepickt werden. – **Fortpflanzung**: Nest in selbstgedrehter Bodenmulde, 4 Eier. Brutdauer 26–29 Tage. Nestflüchter, die mit 30–42 Tagen flugfähig werden.

Sandregenpfeifer

Charadrius hiaticula L.

Merkmale: Vom sehr ähnlichen Flußregenpfeifer (s. u.) unterscheidbar durch die weiße Flügelbinde (im Flug), den dunklen Augenring, das Fehlen eines weißen Streifens zwischen schwarzem Stirnband und brauner Kopfplatte und im Brutkleid durch den orangegelben Schnabel mit schwarzer Spitze. Im Winterkleid sind schwarze Gesichtsmaske und Brustband brauner, der Schnabel schwarz. Beine orangerot (Brutkleid) oder bräunlichrot (Winterkleid). Juv. ohne schwarze Gesichtsmaske, Brustband hell- bis dunkelbraun. Charakteristisch sind die schwarzen und rötlichgelben Endbinden der Rückenfedern und der weiße Überaugenstreif. – **Vorkommen**: Strände der Nordhalbkugel. Brutvogel der Küste, der Unterelbe, Bremens (1300 Paare). JZ. – **Nahrung**: Pickt Insekten, Ringelwürmer, Mollusken, Spinnen auf. – **Fortpflanzung**: Lebenslange Einehe, »Scheidung« möglich. Nestmulde zwischen Spülsaum und Strandbewuchs bevorzugt auf Kies- und Muschelstrand. Brutdauer 21–28 Tage. Beide Eltern führen die juv.; flugfähig mit 3–4 Wochen. 1–2 Jahresbruten.

Flußregenpfeifer

Charadrius dubius Scop.

Merkmale: Oberseits sandbraun, unterseits weiß. Etwas kleiner als der Sandregenpfeifer und von ihm unterschieden durch den gelben Augenring, den schwarzen Schnabel, einen weißen Streif zwischen schwarzem Stirnband und brauner Stirnplatte sowie das Fehlen eines weißen Flügelspiegels. Beine blaßgelblich. Im Winterkleid die schwarzen Bänder braun. Juv. oberseits mit rötlichgelben Federrändern. Augenring gelblichgrau. Beine bräunlichgelb. Ohne weißen Fleck hinterm Auge. – **Vorkommen**: Gemäßigtes Eurasien, Südasien. Vertritt den Sandregenpfeifer im Binnenland. Auf Schotter-, Kies- und grobkörnigen Sandflächen in Wassernähe, auch in Kiesgruben, auf Abraumhalden. Z, überwintert in der Sahelzone und den Savannen Afrikas. – **Nahrung**: Insekten, Spinnen. Die Regenpfeifer suchen mit Auge, Ohr und durch Bodenklopfen. – **Fortpflanzung**: Saisonehe, die über Brutplatztreue erneuert werden kann. Nestmulde auf Kies-, Schotter- und Geröllböden. Brutdauer 22–28 Tage. Das ♂ führt die juv. länger als das ♀, 34–44 Tage; flugfähig mit 24–32 Tagen. 1, seltener 2 Jahresbruten.

Seeregenpfeifer

Charadrius alexandrinus L.

Merkmale: Oberseits sandfarben, unterseits weiß. Ein kleiner Regenpfeifer mit nur seitlichen Brustbändern, schwarzem Schnabel und schwarzen Beinen sowie weißer Flügelbinde. ♂ im Brutkleid mit isabellrötlicher Kopfplatte, schwarzem Stirnband, Augenstreif und Halsseiten; im Ruhekleid und beim ♀ diese schwarzen und isabellrötlichen Partien sandfarben. Juv. wie ♀, aber mit grauen Beinen und oberseits Federn mit dunkelbraun/rötlichgelben Rändern. – **Vorkommen**: Warmes Eurasien, Nordafrika, Südasien. Bei uns Nordseeküste (950 Paare), Neusiedler See (40 Paare). Wärmeliebend, salzabhängig. Auf kahlen Sandstränden, Dünen, Salinen, Salzböden. Z, überwintert südlich bis Nordnigeria, Darfur. – **Nahrung**: Pickt auf, stochert im nassen Boden nach Ringelwürmern, kleinen Mollusken und Krebsen; Insekten. – **Fortpflanzung**: Saisonehe, mitunter langjährige Ehe. Muldennest auf möglichst pflanzenfreien Sandflächen. Brutdauer 23–29 Tage. Beide Eltern führen die juv. rund 6 Wochen bis zum Flüggewerden.
Der Seeregenpfeifer kann bis zu 90 km/h fliegen.

Mornellregenpfeifer

Eudromias morinellus (L.)

Der zutrauliche Mornell wurde durch Bengt Berg (1925) berühmt, in dessen Hand er brütete. – **Merkmale**: Drosselgroß mit schwarzeingefaßtem schmalem, weißem Brustband, grauer Brust und Rücken, schwärzlicher Kappe, rostroter Unterseite und schwarzem Bauch. Breiter weißer Überaugenstreif. Keine Flügelbinde. Füße mattgelb, Schnabel schwarz. Im Winterkleid (VIII–I) braungrau mit weißer Unterseite, aber mit weißem Überaugenstreif und Brustband. Juv. oberseits dunkelbraun mit hellgelben Federrändern; der charakteristische breite Überaugenstreif beige. – **Verwechslung**: Kaum möglich. – **Vorkommen**: Hochgebirge und Trokkentundra Eurasiens. Dz (IV/V,VII–X), sehr seltener Brutvogel in den österreichischen Alpen, den holländischen Poldern. – **Nahrung**: Insekten, Spinnen, im nordafrikanischen Winterquartier Landschnecken. – **Fortpflanzung**: Saisonehe mit Vielmännerei. Muldennest in Kurzvegetation, meist Flechten. Gelege 3 Eier. Brutdauer 24–28 Tage. Das ♂ brütet und führt die juv. 26–30 Tage (flügge). Im kurzen arktischen Sommer ist diese Arbeits- und Kräfteteilung (das ♀ legt 2–3 Gelege) lebenswichtig.

Kiebitzregenpfeifer

(Abb. Ruhekleid)

Squatarola squatarola (L.)

Merkmale: Vom zum Verwechseln ähnlichen Goldregenpfeifer unterschieden durch schwarze Achseln (im Fluge), weiße Flügelbinde, weißen Bürzel, weiß-schwarz quergebänderten Schwanz. Im Brutkleid unterseits wie Goldregenpfeifer, oberseits schwarz-weiß gemustert, ohne Gelb oder Gold. Im Ruhekleid oberseits steingrau-weiß gemustert, unterseits weiß mit leicht gefleckten Brustseiten. Juv. von VII–III oberseits graubraun mit breiten beigen oder blaßgoldenen Federsäumen, unterseits grauweiß; Kehle, Brust beige mit graubrauner Längszeichnung. Der kräftige Schnabel und die Beine schwarz. – **Verwechslung**: Mit Goldregenpfeifer, insbesondere die Jungvögel. – **Vorkommen**: Arktische Tundra, zirkumpolar. Nichtbrütender Jahresgast an der Küste. Hauptdurchzug V–VI und ad. VII–IX, juv. IX–XI. – **Nahrung**: Insekten, Beeren; außerhalb der Brutzeit Mollusken, Krebse, Würmer. – **Fortpflanzung**: Saisonehe. Geschlechtsreif mit 2 Jahren. Muldennest auf möglichst trockener, pflanzenfreier Anhöhe. Brutdauer 27 Tage. Führungszeit unbekannt.

Goldregenpfeifer

(Abb. links Ruhe-, rechts Brutkleid)

Squatarola apricaria (L.)

Merkmale: Vom sehr ähnlichen Kiebitzregenpfeifer unterschieden durch weiße Achseln, braunschwarz-golden gestreifte Schwanzfedern, dunklen Bürzel und die goldgelben statt grauweißen Federsäume der Oberseite. Im Brutkleid unterseits schwarz, oberseits golden-schwarzbraun, geteilt durch den durchgehenden weißen Seitenstreif. Bei der südlichen Rasse Backen heller, Seitenstreif braun gesprenkelt. Im Ruhekleid oberseits golden-schwarzbraun gemustert, Brust hellgoldgelb mit braunen Flecken, Bauch weiß. Juv. wie Ruhekleid, aber Bauch grauer. Schnabel und Beine schwarz. – **Verwechslung**: Mit Kiebitzregenpfeifer, vor allem die Jungvögel. – **Vorkommen**: Strauch- und Waldtundra Nordeuropas, im Westen auch auf Hochmooren. Nordischer G.: Dz III–V, IX–XII. Südlicher G.: Sehr seltener Brutvogel Niedersachsens (30 Paare), Dz. – **Nahrung**: Insekten, Würmer, Spinnen, Schnecken, Krebse; Beeren. – **Fortpflanzung**: Zumindest Saisonehe. Geschlechtsreif mit 2 Jahren. Muldennest in Heidekraut, Flechten. Brutdauer 28–34 Tage. Führung der juv. durch beide Eltern; flügge mit 32–33 Tagen.

Austernfischer

Haematopus ostralegus L.

Merkmale: Kiebitz-Gestalt, aber schwarz-weißes Federkleid und kräftige rote Beine und Schnabel. Im Ruhekleid und Brutkleid Einjähriger in stumpfem Schwarz, mit weißem Halsring, grauer Schnabelspitze, fleischfarbenen Beinen. Augen ab 3. Lebensjahr leuchtend rot, vorher bräunlich-orange. Juv. ohne Halsring, Auge braun, Schnabel dunkelbraun. – **Vorkommen**: Küsten, küstennahes Tiefland Eurasiens. Brutvogel Norddeutschlands bis zum Niederrhein (10000 Paare). Auf kahlen und Kurzrasen-Flächen in Wassernähe. JZ. – **Nahrung**: Gräbt in weichem Schlick Muscheln aus, frißt auch Schnecken, Krebse, Ringelwürmer, Herzmuschel und Miesmuschel bilden die Hauptnahrung. Im Binnenland Regenwürmer, Insekten. – **Fortpflanzung**: Lebenslange Einehe, »Scheidungsrate« gering (6–12%). Geschlechtsreif mit 3.–5. Lebensjahr. Muldennest auf freiem Boden, aber Abweichung möglich. Brutdauer 26–28 Tage. Lange Führungszeiten beider Eltern; 8–26 Wochen je nach Lernpensum der juv.

Steinwälzer

Arenaria interpres (L.)

Merkmale: Der kräftige, kompakte Steinwälzer sieht aus wie ein Harlekin und ist doch damit am Brutplatz vollendet getarnt. Im Brutkleid Kopf und Unterseite weiß. Die bizarre Gesichtsmaske und Brustschild schwarz. Flügel und Rücken grob schwarz-hellrotbraun gezeichnet. Beine orangerot. Im Ruhekleid Kopf, Oberseite und Halsseiten kaffeebraun mit breiten weißen und beigen Federrändern, Unterseite weiß; Brustschild schwarzbraun. Beine blaß orangerot, Gesichtsmaske angedeutet. Juv. wie Ruhekleid, aber mit hell-rostbraunen Säumen, Beine bräunlichgelb bis blaßorange. Der kräftige Kegelschnabel ist schwarz. – **Verwechslung**: Nicht wahrscheinlich. – **Vorkommen**: Zirkumpolar an den vegetationsfreien oder -armen kalten und arktischen Küsten, in Europa bis zur Nordküste der Ostsee. Dz (IV–VI, VII–X); W an der Nordseeküste. Überwintert an den Küsten der ganzen Erde. – **Nahrung**: Sehr vielseitig, Kleintiere und Abfall aller Art. Pickt, gräbt und dreht alles um (Muscheln, Steine, Pflanzen). – **Fortpflanzung**: Ein- bis mehrjährige Ehe. Geschlechtsreif im 2. Lebensjahr. Bodennest. Brutdauer 21–23 Tage. Beide Eltern führen die juv. 24–26 Tage bis zum Flüggewerden.

Bekassine

Gallinago gallinago (L.)

Merkmale: Eine langschnäblige, drosselgroße, braune Schnepfe, die sich bis zum letzten Augenblick drückt und erst unmittelbar vor einem im Zickzackflug und rätschend auffliegt. Müde Tiere fliegen stumm auf! Flügel uniform dunkelbraun, Bauch weiß, ungezeichnet. Die hellen Streifen am Oberkopf laufen in Längsrichtung, nicht wie bei der Waldschnepfe (*Scolopax rusticola*) quer. »Meckert« beim Balzflug vibrierend mit den Schwanzfedern. – **Verwechslung**: Mit der seltenen (Dz) Doppelschnepfe (*G. media*), die stumm, langsam und gerade abfliegt. Ihre Bauchseiten quergebändert und deutliche Querbänder (2 weiße fassen ein breites schwarzbraunes ein) über den ganzen Flügel. – **Vorkommen**: Gemäßigte und kalte Zonen der Nordhalbkugel. Dichtestes Vorkommen bei uns in Schleswig-Holstein und Niedersachsen, Neusiedler See. In Sümpfen, Gräben, nassen Wiesen. Z, südwärts bis ins tropische Afrika, Südasien überwinternd. – **Nahrung**: Sondiert und bohrt mit dem sensiblen Schnabel im weichen Boden und verzehrt die Beute, ohne den Schnabel herauszuziehen. Alle kleinen Bodentiere, Samen. – **Fortpflanzung**: Saisonehe, aber mit ständigen »Seitensprüngen«. Gut im Gras verstecktes Bodennest an feuchtem Ort. Brutdauer 18–20 Tage. Beide Eltern führen die juv. etwa 4–5 Wochen lang.

Zwergschnepfe

Lymnocryptes minimus (Brünn.)

Merkmale: Eine lerchengroße Schnepfe, die sich extrem drückt und erst auffliegt, wenn man fast auf sie tritt. Fliegt meist stumm und fledermausartig ab. Schnabel deutlich kürzer als der anderer Schnepfen. Schwarzbraune Kopfplatte ohne gelben Scheitelstreif. 2 gelbe, breite Rückenstreifen auf dem fast schwarzen Rücken. – **Verwechslung**: Bekassine, diese jedoch anders abfliegend, andere Rückenzeichnung, mit gelbem Scheitelstreif. – **Vorkommen**: Moore des nördlichen Eurasien. Im hiesigen Winterquartier auf Sümpfen, Rieselfeldern, nassen und feuchten Wiesen. – Dz, W (Mitte VIII–Anfang V). – **Nahrung**: Wenig bekannt. Kleintiere des Bodens. Samen. – **Fortpflanzung**: Wahrscheinlich Saisonehe. Eintritt der Geschlechtsreife unbekannt. Erhöhtes Bodennest in feuchter bis nasser Umgebung. Brutdauer wahrscheinlich 21–24 Tage. Führungszeit unbekannt.

Großer Brachvogel

Numenius arquata (L.)

Brachvögel sind große, braune Schnepfenvögel mit langen Beinen und langen, abwärts gebogenen Schnäbeln. – **Merkmale**: Der Große Brachvogel ist der größte europäische Schnepfenvogel. Gefieder gelb- und dunkelbraun gestreift, Bauch weiß. Vom sehr ähnlichen, kleineren Regenbrachvogel außer an der Stimme unterschieden durch das Fehlen der Kopfstreifen. Der Oberkopf ist fein dunkelbraun gestreift wie das übrige Kopf- und Halsgefieder. Der Schnabel ist normalerweise bedeutend länger als der des Regenbrachvogels, doch sind die Schnäbel der juv. im Herbst noch nicht ausgewachsen, so daß dieses Kennzeichen allein nicht zur Artbestimmung ausreicht: Die Schnabellänge variiert beim erwachsenen Großen Brachvogel von 95–185 mm, beim erwachsenen Regenbrachvogel von 61–99 mm. – **Vorkommen**: Im gemäßigten Europa, Sibirien auf Hochmooren, Heide, Flachmooren, weiten Wiesen. In der Bundesrepublik leben nur noch etwa 3500 Paare. Z. – **Nahrung**: Kleine Tiere des Bodens aller Art, vom Regenwurm bis zu Mäusen; Insekten bilden jedoch die Hauptnahrung. Die Nahrung wird aufgelesen, aufgepickt und aus dem weichen Boden hervorgeholt. – **Fortpflanzung**: Saisonehe, die durch Brutplatztreue mehrjährig sein kann. Bodennest. Brutdauer 27–39 Tage. Meistens führt nur das ♂ die Jungen bis zum Flüggewerden mit 5 Wochen; das ♀ zieht eher ab (schon ab Juni).

Diese herrlichen Vögel sind bei uns durch naturschutzfeindliche Flurbereinigungen, die weiträumigen und sehr oft überflüssigen Entwässerungen von Mooren und Wiesen und Umwandlung in Äcker gefährdet. Sie bleiben zwar aus Heimattreue am angestammten Brutplatz, viele ihrer Küken aber sterben, weil Bodenfeinde auf trockenen Böden leichter die Eier rauben können und weil sie sich an die gänzlich veränderte Umwelt schlecht anpassen können. In Westfalen werden daher seit 1975 die Eier in Brutmaschinen erbrütet und am Tage des Schlüpfens den Eltern wieder untergelegt, die zwischendurch auf Holzeiern saßen.

Regenbrachvogel

Numenius phaeopus (L.)

Merkmale: Deutlich kleiner als der Große Brachvogel und mit kürzerem Schnabel. Von ihm aber zuverlässig außer an der Stimme nur unterscheidbar durch die dunkelbraunen Kopfstreifen und den hellbraunen Scheitelstreif. – **Verwechslung**: Mit Großem Brachvogel. – **Vorkommen**: In Nordeuropa, Ostsibirien und Alaska, Nordkanada auf Tundra, Hochmooren, Heide und Wiesen. Dz (VI–IX, IV–V). Überwintert an der Westküste Afrikas. – **Nahrung**: Sammelt Insekten, Krebschen, Mollusken und Würmer auf. Während der Brutzeit viele Beeren. – **Fortpflanzung**: Eheverhältnisse und Eintritt der Geschlechtsreife nicht erforscht. Bodennest auf leicht erhöhtem Grund. Brutdauer 27–28 Tage. Die juv. werden 5–6 Wochen bis zum Flüggewerden geführt.

Uferschnepfe

Limosa limosa (L.)

Merkmale: Langbeiniger und langschnäbliger Watvogel von über Kiebitzgröße. Artkennzeichnend sind neben dem geraden Schnabel die weiße Flügelbinde und der weiße Schwanz mit breiter schwarzer Endbinde. Im Brutkleid (II–VIII) Hals und Brust rostbraun, Flanken gebändert, Bauch und Unterschwanzdecken weiß. ♀ oft mit weniger Rostbraun und weniger Flanken-Bänderung. Ähnlich sind Vögel im 1. Sommerkleid. Im Ruhekleid (VIII–II) ohne Rostrot und -braun. Kopf, Hals, Brust hellgrau, Rücken dunkelgrau (graubraun), Flanken weiß. – **Verwechslung**: Mit Pfuhlschnepfe; im Ruhekleid mit Grünschenkel. – **Vorkommen**: Im gemäßigten Europa und Westasien, im kühlen Nordostasien auf großen, freien Weiden, Grassteppen. Z; überwintert an der Atlantikküste und in Westafrika ostwärts bis zur Tschad-Senke. – **Nahrung**: Stochert aus weichen Böden Bodentiere aller Art, bevorzugt Regenwürmer, Schnecken, Käfer und Samen hervor. – **Fortpflanzung**: Saisonehe. Wird im 1. bzw. 2. Lebensjahr geschlechtsreif. Bodennest mit überdachenden Gräsern. Brutdauer 22–24 Tage. Die juv. werden bis kurz nach dem Flüggewerden (mit 35 Tagen) geführt.

Pfuhlschnepfe

(Abb. oben Ruhe-, unten Brutkleid)

Limosa lapponica (L.)

Merkmale: Etwas kleiner als die Uferschnepfe, sonst ihr in allen Kleidern sehr ähnlich. Wichtigste Unterscheidungsmerkmale sind der eng dunkelbraun quergebänderte Schwanz, der aufwärts gebogene Schnabel, das Fehlen der weißen Flügelbinde und im Brutkleid (IV–VIII/X) das Fehlen der dunklen Flanken-Bänderung. Auch ragen die Beine nicht wie bei der Uferschnepfe im Fluge über den Schwanz weit hinaus. ♂ mit rostbraunem Bauch und Unterschwanzdecken. Beim ♀ ist das Rostrot heller und mit dunklen Flecken versehen, Bauch überwiegend weiß. Ad. im Ruhekleid (VIII/X–IV) oberseits graubraun, Federsäume hell rostfarben und unterseits weiß. Juv. ähnlich ad. in Ruhekleid, aber gelbgrauer und oberseits im Fluge wie Brachvögel braun gemustert. Im 1. Brutkleid meist noch nicht voll ausgefärbt, wie man überhaupt in Uferschnepfen- und Pfuhlschnepfen-Trupps meist alle Kleider und -übergänge gleichzeitig beobachten kann. – **Verwechslung**: Mit Uferschnepfe. Mit dem halb so großen Sichelstrandläufer, dessen Schnabel aber kürzer und abwärts gebogen ist und der einen weißen Bürzel hat. Im Ruhekleid mit dem etwa gleich großen Grünschenkel mit nur leicht aufgeworfenem, kürzerem Schnabel und weißen Rücken und Bürzel sowie olivgrünen statt dunkel grünlichgrauen Beinen, die im Flug weit überhängen. Ferner ist die Schnabelbasis bei der Pfuhlschnepfe matt gelb bis fleischfarben, beim Grünschenkel jedoch grau. – **Vorkommen**: Arktische Moore Eurasiens und Westalaskas. Dz, vor allem im Wattenmeer; dort auch in geringer Zahl übersommernd und überwinternd. – **Nahrung**: Im Wattenmeer Würmer, Mollusken und Krebschen. Am Brutplatz Mückenlarven und Käfer. – **Fortpflanzung**: Eheverhältnisse unbekannt. Geschlechtsreif im 2. und 3. Lebensjahr. Muldennest auf trockenem Boden. Brutdauer und Führungszeit der Jungen unbekannt.

Dunkler Wasserläufer (Abb. oben Ruhe-, unten Brutkleid)

Tringa erythropus (Pall.)

Merkmale: Ein großer, im Brutkleid schwarzer, im Ruhekleid oben hellgrauer, unten weißer, schlanker Wasserläufer. Die langen Beine sind im Brutkleid dunkelrot, im Ruhekleid rot. Der feine, lange Schnabel ist schwarz, die Unterschnabel-Basis rot. Ohne Weiß im Flügel. Rücken weiß, Oberschwanzdecken und Bürzel eng schwarzbraun quergebändert. Im Brutkleid oberseits mit weißen Tupfen. Im Ruhekleid mit weißem Überaugenstreif und schwarzbraunem Zügelstreif. Juv. sattbraun, unterseits eng so gesperbert, Überaugenstreif und Zügelstreif wie im Ruhekleid. Während der Mauser ergibt sich ein buntes Bild von Übergängen. – **Verwechslung**: Rote Beine haben auch Rotschenkel und viele Kampfläufer. Der Rotschenkel ist jedoch kleiner, kompakter, kurzschnäbliger und hat – artkennzeichnend – weiße Hinterflügel. Unterseits ist er niemals quergebändert (wie juv. Dunkle Wasserläufer), sondern in den Brutkleidern an Kehle, Hals und Brust längs braun auf weißem Grunde gebändert und mit dreieckigen Drosselflecken betupft. Juv. sind unterseits weiß, und ihre Schnabelbasis ist gelblich, nicht rot wie beim Dunklen Wasserläufer. Kampfläufer haben kurze, kräftigere, an der Spitze leicht abwärts gebogene, meist dunkel hornfarbene Schnäbel, und im Ruhekleid bilden die großen, braunen Federn der Oberseite mit ihren breiten, hellen Säumen ein unverwechselbares Dreiecksmuster. – **Vorkommen**: Bewohnt die Tundren Eurasiens, meidet geschlossenen Baumbewuchs. Außerhalb der Brutzeit am Wasser und auf weichen Böden (Watt, Rieselfelder). Dz (III–V, VI–XI) und Übersommerer. Überwintert südwärts bis West- und Ostafrika. – **Nahrung**: Schwimmt gerne bei der Nahrungssuche, und sucht Nahrung vor allem im seichten Wasser watend. Greift die Beute: Wasserinsekten, Krebschen, Mollusken, Würmer, Fische bis max. 7 cm Länge, Amphibien. – **Fortpflanzung**: Eheverhältnisse und Eintritt der Geschlechtsreife unbekannt. Vielmännerei ist beschrieben. Offenes Bodennest. Brutdauer und Führungszeit durch das ♂ unbekannt. Die ♀♀ ziehen früh ab, spätestens kurz nach dem Schlüpfen der Jungen.

Rotschenkel

Tringa totanus (L.)

Merkmale: Ein lebhafter, brauner Wasserläufer mit roten Beinen und rotem Schnabel mit schwarzer Spitze. Im Fluge ist der weiße Hinterflügel artkennzeichnend. Rücken, Bürzel weiß, Oberschwanzdecken braun quergebändert. Im Brutkleid (II–VIII) unterseits auf weißem Grund auf Kehle, Brust, Flanken braun längs gestreift und drosselfleckig. Der Bauch kann weiß oder braun gestreift sein. Im Ruhekleid (VII–III) oberseits aschbraun, unterseits weiß, Brust verwaschen grau mit feiner brauner Strichelung. Juv. wie Ruhekleid, die Flügeldecken aber mit rostbraunen Rändern, der Schnabel blaß gelbrötlich mit schwarzer Spitze, die Beine blasser rötlich. – **Verwechslung**: Mit Dunklem Wasserläufer, vor allem mit dessen juv., die aber unterseits dicht braun auf grauem Grund gesperbert (quergewellt) sind. Mit Kampfläufern, die zwar rote Beine haben können, aber kürzere und meist dunkel hornfarbene Schnäbel sowie eine charakteristische Oberseiten-Musterung großer dreieckiger Karrees haben. Im Fluge sowie in seiner Lebhaftigkeit ist der Rotschenkel ohnehin nicht verwechslungsfähig. – **Vorkommen**: In Europa, dem gemäßigten Asien und dem kalten Zentralasien auf baumfreien, offenen Gras-Landschaften mit Wasser und feuchten Böden. Gern auf Pfählen und anderen erhöhten Warten. In Mitteleuropa brüten etwa 38000 Paare, davon etwa 16000 in Schleswig-Holstein und Niedersachsen und 20000 in den Niederlanden. JZ; überwintert südlich bis ins tropische Afrika an flachen Küsten. – **Nahrung**: Sammelt und pickt auf, pflügt mit offenem Schnabel durch den Schlick; im Watt Würmer, Mollusken und Krebschen, an Land Insekten, Mollusken, Regenwürmer. – **Fortpflanzung**: Saisonehe, die durch Brutplatztreue zur langjährigen Ehe werden kann (in etwa 60%). Gut verstecktes Bodennest z. B. in hohem Gras, meist überdacht. Brutdauer 22–29 Tage. Führung der juv. bis zum Flüggewerden mit 27–35 Tagen; das ♀ verläßt die Familie schon vorher.

Grünschenkel

Tringa nebularia (Gunn.)

Merkmale: Ein lebhafter, schlanker, langbeiniger Wasserläufer, so groß wie der Dunkle Wasserläufer. Der kräftige grauschwarze Schnabel ist leicht aufgeworfen. Beine olivgrün bis gelbgrün. Flügel einheitlich dunkelgraubraun, ohne Flügelbinde. Hinterrücken und Bürzel weiß (wie Pfuhlschnepfe, Dunkler Wasserläufer, Rotschenkel). Im Brutkleid (II–IX) oberseits bräunlichgrau bis schwarzbraun, Schulterfedern und Flügeldecken mit weißem Rand, unterseits weiß, Kopf, Kehle, Brust schwarzbraun gestreift bzw. getupft. Im Ruhekleid (VII–IV; wegen der langen Mauserzeiten sieht man monatelang alle Übergänge) oben grau, unten weiß; feine Bruststreifung, Stirn, Wangen weiß. Juv. vorderseits mit verwaschen grauer Fleckung. – **Verwechslung**: Dunkler Wasserläufer, Kampfläufer. – **Vorkommen**: Waldtundra, offene Taiga und Moore im kalten Eurasien. Dz (IV–V, Mitte VI–X); überwintert südwärts bis zum Kap. – **Nahrung**: Greift auf möglichst feuchtem Boden und im Flachwasser Würmer, Mollusken, Krebse, Fische, Insekten, Amphibien. Bildet Gewölle. – **Fortpflanzung**: Saisonehe oder Dauerehe, Bigamie nachgewiesen. Offenes Bodennest. Brutdauer 23–25 Tage. Führung der juv. über das Flüggewerden hinaus, mindestens 25 Tage.

Flußuferläufer

Actitis hypoleucos (L.)

Merkmale: Ein kurzbeiniger, kleiner Wasserläufer von Lerchengröße, vornehmlich im Binnenland; meist Einzelgänger. Der weiße Keil, der von der weißen Unterseite her vor dem Flügelbug sich hochschiebt, ist artkennzeichnend. Ebenso das ständige Wippen mit dem Hinterteil und das flache Abfliegen vor dem Beobachter. Oberseite kontrastlos dunkelbraun (Federränder schwarzbraun), Kehle und Brust graubraun, scharf abgesetzt. Schnabel dunkelhornfarbig, Beine graugrün bis gelbgrün. Schwanzseiten, Flügelbinde weiß. – **Verwechslung**: Wald- und Bruchwasserläufer. – **Vorkommen**: In Europa außer Island, im kalten und gemäßigten Asien an Flüssen mit Schotter-, Kies- und Sandbänken. Z, südlich bis zum Kap. – **Nahrung**: Schnappt und liest Insekten, Wasserspinnen, Krebschen auf; Regenwürmer, Amphibien. – **Fortpflanzung**: Eheverhältnisse, Eintritt der Geschlechtsreife unbekannt. Gut verstecktes Bodennest in Flußnähe. Brutdauer 21–22 Tage. Jungenführung 26–27 Tage.

Waldwasserläufer

Tringa ochropus L.
(Abb. oben)

Bruchwasserläufer

Tringa glareola L.
(Abb. unten)

Ihre Unterscheidung gehört zum Schwierigsten, was es in unserer Vogelwelt gibt. – **Merkmale**: Zwei starengroße Wasserläufer mit weißem Bürzel, weißer Unterseite, dunkelbrauner Oberseite und ohne Flügelabzeichen. Schnabel schwärzlich mit olivfarbener Wurzel. – Der Waldwasserläufer kombiniert schwarzbraun und leuchtend weiß, hat dunkle Unterflügel, keine Flankenstreifung, bleigraue Beine mit grünlichen Gelenken und nur 3–4 kräftige, schwarzbraune Querbinden auf dem Schwanz. Im Brutkleid sind oberseits die Reihen der feinen, hellen Tupfen am kräftigsten; ein schwarzer Strich vor dem Auge. Die Beine sind relativ kürzer, der Schnabel länger als beim Bruchwasserläufer. Der Überaugenstreif fehlt im Ruhekleid und bei juv. Einzelgänger. – Der Bruchwasserläufer hat helle Unterflügel, einen kräftigen, weißen Überaugenstreif, die Beinfarbe variiert von Gelboliv, Oliv bis Braunoliv mit grauen Gelenken; oberseits ist er dunkel graubraun, die Federn im Brutkleid mit großen weißen Spitzenflecken, im Ruhekleid nur mit schmalen, hellen Säumen, bei juv. hingegen rostfarbene Randflecken. Die Brustfleckung setzt sich an den Flanken fort, und der Schwanz zeigt 5–8 dunkle Querbinden. Gesellig. – **Verwechslung**: Mit Flußuferläufer, der aber stets den weißen Keil zwischen Brustfleckung und Flügelbug hat. – **Vorkommen**: Waldwasserläufer: An Waldseen und Waldsümpfen der Nadelwaldzone Eurasien; sehr seltener Brutvogel Norddeutschlands. Dz und W. – Bruchwasserläufer: Hochmoore mit offenem Wasser in der Tundra und Taiga Eurasiens; seltener Brutvogel Norddeutschlands. Z; überwintert im tropischen Westafrika. – **Nahrung**: Insekten, Krebschen, Fischchen, Mollusken, beim Waldwasserläufer auch Egel. – **Fortpflanzung**: Waldwasserläufer: Saisonehe; Eintritt der Geschlechtsreife unbekannt. Brütet in meist vorjährigen Drosselnestern, bis max. 27 m hoch über dem Erdboden. Brutdauer und Führungszeit unbekannt. – Bruchwasserläufer: Eheverhältnisse, Eintritt der Geschlechtsreife und Führungszeit der Jungen unbekannt. Gut verstecktes Bodennest auf meist nassem Untergrund. Brutdauer 22–23 Tage.

Knutt

Calidris canutus (L.)

Merkmale: Gesellig. Ein kräftiger, untersetzter Strandläufer, gut drosselgroß, mit kurzem, geradem, schwarzem Schnabel. Im Brutkleid oberseits schwarz mit rostbraunen Federsäumen, Kopf und Unterseite rostbraun. Beine schwarzgrün. Im Ruhekleid oberseits aschgrau, unterseits weiß mit leichter grauer Streifung an Brust und Flanken. Beine graugrün. Juv. wie Ruhekleid, mit beigen Flanken und oberseits aschbraunen Federn mit dunklem Mittelstrich und schwarz-weißen Säumen, Vorderrücken und Schultern aschbraun, Beine olivgelb. – **Verwechslung**: Im Brutkleid mit Sichelstrandläufer, der aber kleiner, schlanker, langbeiniger ist und einen gekrümmten Schnabel hat. – **Vorkommen**: Brutvogel der Arktis. Zahlreicher Dz (V–X), vor allem an der Nordseeküste; Übersommerer im Watt. Überwintert südwärts bis zum Kap. – **Nahrung**: In Scharen von bis zu 30000 bohren Knutts auf Watt- und weichen Strandböden nach Mollusken, Krebschen. Im Brutgebiet Insekten, Spinnen und Samen. – **Fortpflanzung**: Saisonehe. Frühestens im 3. Kalenderjahr geschlechtsreif. Offenes Bodennest. Brutdauer 21–22 Tage. Führungszeit der Jungen unbekannt; flügge mit rund 18 Tagen.

Meerstrandläufer

Calidris maritima (Brünn.)

Merkmale: Ein plumper, halsloser Strandläufer mit kräftigem, krummem Schnabel; starengroß. Schnabel orange mit grauoliv-schwarzbraunem Vorderteil. Die kurzen Beine im Brutkleid gelbrot, im Ruhekleid und bei juv. stumpf gelblich bis braungelblich. Bürzel schwarz mit weißen Seiten, Schwanz dunkelgrau. Im Ruhekleid (unserer Herbst- und Wintergäste) oberseits schwarzgrau, nur im Brutkleid (ab IV) mit rostbraunen Federsäumen. Kopf, Hals und Brust schwarzgrau, Kehle, Bauch weiß. Im Brutkleid über dem Grau von Oberkopf, Brust und Hals braune Streifen und Flecken, Flanken schwarzbraun gefleckt. Unterflügel weiß. – **Vorkommen**: Brutvogel der Arktis, des skandinavischen Fjälls, Islands. – Dz, W (IX–V) an felsigen, steinigen Küsten. – **Nahrung**: In der steinigen Brandungszone Schnecken, Asseln, Krebse aufpickend und abmeißelnd. Am Brutplatz auch Insekten, Algen. – **Fortpflanzung**: Einehe, Dauer unbekannt. Eintritt der Geschlechtsreife, Führungszeit der Jungen unbekannt. Offenes Bodennest. Brutdauer 21–22 Tage.

Zwergstrandläufer

Calidris minuta (Leisl.)
(Abb. oben)

Temminckstrandläufer

Calidris temminckii (Leisl.)
(Abb. unten)

Unsere kleinsten Limikolen, nur rotkehlchengroß und schwer zu unterscheiden. – **Merkmale**: Gesellig. Unterseits weiß. Beine und Schnabel sind beim Zwergstrandläufer schwarz, beim Temminck grünlicholiv, braungelb, olivbraun, aber im Schlamm natürlich oft schwarz überzogen. Wichtigste Unterscheidungsmerkmale sind die Schwanzaußenfedern, grau beim Zwerg-, weiß beim Temminckstrandläufer; flaches Abfliegen des Zwergstrandläufers, drücken und dann steiles und bekassinenähnliches Abfliegen beim Temminck. Auf dem Herbstzug (VII–X) sieht man vor allem Jungvögel: Die jungen Temmincks sind oberseits eintönig braungrau, die Federn mit dunklem Mittelstrich und dunkelbraun/hell rostfarbenen Säumen, Hals und Brust verwaschen bräunlichgrau, sie wirken dadurch dem Flußuferläufer ähnlich! Die Zwergstrandläufer hingegen sind oberseits im juv.- und Brutkleid schwarzbraun mit breiten rostbraunen Federsäumen. Bei den juv. ist auf dem Rücken das doppelte, weiße V besonders ausgeprägt. Das Brutkleid des Temminck zeigt oberseits zwei Federarten: graubraune und schwarzbraune mit ockerfarbenem Rand. Im Sommer und Herbst haben die ad. Temmincks oberseits schon graue Winterfedern eingemischt; im Ruhekleid sind beide Arten oberseits grau, doch beim Temminck sind die Federn konturlos, und die Brust ist grau getönt. – **Vorkommen**: Zwergstrandläufer: Brutvogel der arktischen Tundren und Wüsten Eurasiens, westwärts bis zum Varangerfjord. Dz (V–VI, VII–X), einzeln und in kleinen Trupps. Überwintert südwärts bis zum Kap. – Temminck: Brutvogel der Tundra und Waldtundra Eurasiens, im skandinavischen Fjäll. Dz (IV–V, VII–X) einzeln und in kleinen Trupps, auch an kleinsten Schlammtümpeln. Überwintert südwärts bis zum Golf von Guinea. – **Nahrung**: Keine Unterschiede: Insekten, Würmer, kleine Schnecken, Krebschen, Samen. – **Fortpflanzung**: Bodenbrüter. Beim Zwergstrandläufer sind Eheverhältnisse, Eintritt der Geschlechtsreife, Brutdauer und Führungszeit der Jungen unbekannt. Das ♀ legt 2 Gelege; das erste bebrütet das ♂, das zweite es selbst. – Beim Temminck verpaart sich das ♀ mit einem 1. ♂, dem es das 1. Gelege zum Brüten anvertraut, dann mit einem 2. ♂ und bebrütet dieses Gelege selbst. Das 1. ♂ wird dann 2. ♂ eines anderen ♀. Diese Doppelbruten ermöglichen die volle Ausnutzung der sehr kurzen arktischen Sommerzeit. Brutdauer 19–38 Tage, Führungszeit 18 Tage.

Alpenstrandläufer

(Abb. oben Brut-, unten Ruhekleid)

Calidris alpina (L.)

Merkmale: Starengroß. Nur der Alpenstrandläufer hat ein schwarzes Bauchschild (im Brutkleid), und ins Ruhekleid mausernde Exemplare von scheckigem Aussehen sieht man von VIII bis Anfang XI. Im Frühjahr gibt es die ersten vollständigen Brutkleider Mitte III, und bis Mitte V haben dann 90% das Brutkleid angelegt. Im Brutkleid Rücken schwarz mit breiten, rostbraunen Federsäumen, Hals und Brust auf weißem Grund braunschwarz gestreift. Im Jugendkleid ähnlich Brutkleid, aber Grundfarbe von Hals und Vorderbrust grau, unterseits weiß. Im Ruhekleid oberseits graubraun, die Federn mit feinem, dunklem Mittelstrich; unterseits weiß, Hals und Brustseiten grau mit braunen Strichen; weißer Überaugenstreif. Schnabel und Beine schwarz; Schnabel länger als der Kopf und nach unten geknickt. – **Verwechslung**: Mit dem gleichgroßen, aber schlankeren und langbeinigen Sichelstrandläufer, dessen Schnabel nur etwas länger und gekrümmter ist. Dieser jedoch mit reinweißem Bürzel. – **Vorkommen**: Zirkumpolarer Brutvogel der feuchten Gras- und Moostundra. Die südliche, europäische Rasse *schinzii* ist auch Brutvogel der norddeutschen Tiefebene, hier auf nassen Weiden. Zwischen Büsum und Danzig nur noch 270 Brutpaare, durch überflüssige Dränage sehr gefährdet. Dz; auf dem Durchzug und im Winterquartier im Gezeitensaum der Ostsee und der Atlantikküste südwärts bis Gambia. Sehr gesellig. Auf dem Zuge unser häufigster Watvogel; das dänische und schleswig-holsteinische Wattenmeer ist Ende VII/VIII Mauserplatz für max. 250000 Altvögel. In Westeuropa überwintern 1,2 Millionen Alpenstrandläufer, davon im deutschen und niederländischen Wattenmeer 85000. – **Nahrung**: Bohrt mit gesenktem Kopf nahezu pausenlos im weichen Boden nach Meereswürmern, Mollusken, Krebschen, Insekten. Am Brutplatz und im Binnenland Insekten. – **Fortpflanzung**: Saisonehe, doch manche ♀ haben nacheinander mit einem anderen ♂ eine zweite Brut. Im Grase gut verstecktes Bodennest. Brutdauer 20–22 Tage. Führungszeit 19–20 Tage, das ♀ zieht aber schon nach 6–10 Tagen ab. Adoptionen kommen vor.

Sanderling

(Abb. Ruhekleid)

Crocethia alba (Pall.)

Merkmale: Ein lerchengroßer, weißer Strandläufer von kugelrunder Gestalt. Beine und kurzer, gerader Schnabel schwarz. Im weißen Ruhekleid (VIII–IV/V) oberseits hellgrau, mit breiter weißer Flügelbinde und schwarzem, weiß gefaßten Bürzel. Handschwingen dunkelgraubraun. Im Brutkleid (IV/V–VII) Oberseite, Brust, Hals, Kopf hell rostbraun und dunkelbraun mit weißen Federspitzen. Kinn, Schnabelansatz, Unterseite weiß. – **Verwechslung**: Im Ruhekleid mit dem dunkler grauen Alpenstrandläufer, dessen Schnabel länger und geknickt ist. – **Vorkommen**: Zirkumpolarer Brutvogel der arktischen Flechtentundra. Jahresgast an der Nordsee, anderswo geringer Dz auf Sandwatt, Sandstränden. – **Nahrung**: Im Wellenbereich der Sandstrände »rollt« er schnell hin und her und pickt Insekten auf, im Sandwatt auch Würmer, Mollusken; ferner Aas. – **Fortpflanzung**: Wie beim Temminck legt das ♀ 2 Gelege mit 2 ♂♂; das erste bebrütet das 1.♂, das zweite das ♀ selbst. Brutdauer 24–32 Tage. Führungszeit unbekannt; flügge mit ca. 17 Tagen.

Sichelstrandläufer

Calidris ferruginea (Pont.)

Merkmale: Ein hochbeiniger, schlanker, aufgerichteter Strandläufer, starengroß. Bürzel weiß, Schwanz graubraun. Im Normalfall ist der schwarze Schnabel länger und gebogener (ohne Knick) als beim Alpenstrandläufer. Beine schwarz. Im Brutkleid (IV–VII) sind der gebogene Schnabel und das kastanienrote Gefieder unverwechselbar; die Oberseite schwarzbraun, rostbraun gezeichnet. Im Ruhekleid (IX–III) oberseits graubraun, unterseits weiß, Vorderbrust beigegrau gestreift. Während des Herbstzuges (VII–IX) sieht man bei uns überwiegend Übergangskleider und juv. Letztere oberseits graubraun mit hellbeigen Federsäumen, Brustseiten ockergelb überflogen, Bauch weiß, breiter weißer Überaugenstreif. – **Verwechslung**: Mit dem kurzbeinigeren Alpenstrandläufer in den Ruhe- und Jugendkleidern. – **Vorkommen**: Brutvogel der arktischen Tundra Sibiriens. Dz (IV–V spärlich, VII–X). Überwintert vorwiegend auf der Südhalbkugel. Bevorzugt Schlickwatt. – **Nahrung**: Mollusken, Insekten, Würmer, Krebschen, Samen. – **Fortpflanzung**: Saisonehe. Geschlechtsreif mit 2 Jahren. Bodennest. Brutdauer unbekannt. Nur das ♀ führt die Jungen, verläßt sie aber vor dem Flüggewerden.

Kampfläufer

(Abb. oben: 2 Hähne im Brutkleid, unten: ♀.)

Philomachus pugnax (L.)

Merkmale: Taubengroß; ♀ kleiner als ♂. Bürzel weiß mit schwarzem Mittelsteg, Schwanz dunkel. Schweigsam. Berühmt durch das einzigartige Prachtkleid (III/IV–VI/VII) der Hähne. Ihre Halskrausen und Perükken schimmern in bunten Farben, jeder fast sieht anders aus. Das Gesicht ist nackt und mit Drüsen übersät. In den Ruhekleidern (VII–IV) ist der Kampfläufer der einzige europäische Watvogel, dessen Oberseite nicht einfarbig-eintönig, sondern kräftig gemustert ist: die großen schwarzbraunen Federn haben breite weißliche bis beigefarbene Säume, das ♂ oft graue Federn mit weißen Säumen, eine Art Karree-Muster. Im Ruhekleid Kinn weiß, Brust und beim ♂ auch Flanken hellaschbraun, Bauch weiß. Im Jugendkleid wie ♀ Ruhekleid, Federsäume oben rostgelb, unterseits rostgelb bis ockerfarben getönt. Das ♀ im Brutkleid ist oberseits wie im Ruhekleid gemustert, unterseits sind Hals und Brust sowie die Flanken meist auf blaßbraunem bis rostgelbem Grunde unterschiedlich gewellt. Schnabel und Beine unterschiedlich gefärbt, bei den Schnäbeln überwiegen dunkel-hornfarbene bis schwarze; bei den Beinen gehören dunkelolive und schwarze Jungvögeln und Einjährigen, orangefarbene und gelbe ad. Weitere Farben sind z. B. Rosagrau, Fleischfarben, Ocker beim Schnabel, Bleigrau, Fleischfarben, Rosa, Gelblichgrün bei den Beinen. – **Verwechslung:** Mit Rotschenkel, doch dieser mit weißen Hinterflügeln, weißem Hinterrücken und Bürzel sowie längerem und schlankerem Schnabel. – **Vorkommen:** Auf nassen Wiesen, Heiden, Mooren, Tundren des nördlichen Eurasiens. In Deutschland höchstens 1000 Paare, äußerst gefährdet durch Vernichtung der Feuchtbiotope. Z, überwintert in Afrika von der Sahelzone bis zum Kap. – **Nahrung:** An Land und watend im Wasser Insekten, Schnecken und Samen fressend. – **Fortpflanzung:** Sehr eigenartig. Die Hähne balzen bizarr in Gruppen von 3–50 auf Balzböden, die jedes Jahr wieder bezogen werden. Die ♀♀ kommen zum Balzboden, suchen sich einen Hahn aus und lassen sich dort begatten. Dominante Hähne begatten mehr ♀♀ als rangtiefere ♂♂, die ♀♀ können sich auch von verschiedenen ♂♂ begatten lassen. Das Brutgeschäft obliegt ausschließlich dem ♀. Bodennest mit Haube in Gräsern. Brutdauer 20–23 Tage. Die ♀♀ führen die juv. 7–27 Tage. Flugfähig mit 25–27 Tagen.

Säbelschnäbler

Recurvirostra avosetta L.

Merkmale: Krähengroß. Unser elegantester Watvogel. Ein schwarzweißer Vogel mit überlangen, blaugrauen Beinen und zarten, aufwärts gebogenem, langem Schnabel. Bei juv. sind die schwarzen Partien dunkelbraun, die Einzelfedern haben hellrostbraune Spitzensäume. Beim ♂ ist das Auge rot oder rotbraun, beim ♀ braun. – **Verwechslung:** Der Stelzenläufer hat geraden Schnabel und andere Schwarzweiß-Verteilung. – **Vorkommen:** In den Steppen und Wüsten des gemäßigten und mediterranen Eurasiens, lokal in Afrika. In Mitteleuropa auf Außendeichsland an Nord- und Ostsee (7100 Paare, davon 2700 in der Bundesrepublik) und am Neusiedler See (ca. 400 P.). Vom Salzwasser abhängig und wärmeliebend. Z, überwintert südwärts bis zur Linie Gambia-Tschadsee. – **Nahrung:** Mit leicht geöffnetem Schnabel wird der Schlick seitwärts durchsäbelt und dabei Borstenwürmer, Krebse und Insektenlarven gefangen. Pickt auch auf und rührt im Wasser. – **Fortpflanzung:** Saisonehe. Geschlechtsreif mit 2 Jahren. Offenes Muldennest in Wassernähe auf meist freiem Boden. Brütet in Kolonien. Brutdauer 23–28 Tage. Führungszeit der Jungen bis zum Flüggewerden 32–42 Tage.

Stelzenläufer

Himantopus himantopus (L.)

Merkmale: Ein sehr schlanker, graziler Watvogel auf überlangen, roten Stelzbeinen; taubengroß. Schnabel schwarz, Auge dunkelrot. Beim ♂ sind Flügel und Rücken schwarz, beim ♀ und juv. im 1. Winterkleid schwarzbraun; sonst weiß. Beim ♂ können im Brutkleid Hinterkopf und Hinterhals schwarz sein. Juv. oberseits sepiabraun, Beine rotgrau bis dunkelrot. – **Verwechslung:** Der Säbelschnäbler hat gebogenen Schnabel und bleigraue Beine. – **Vorkommen:** Brutvogel an Lagunen, Verlandungswässern aller Art in offener Landschaft Südeuropas, Zentral- und Südasiens, Afrikas. Bei uns gelegentlicher Sommergast. Bevorzugt Süßwasser und Wärme. – **Nahrung:** Wasserinsekten, Krebse, Amphibien, Fische. – **Fortpflanzung:** Eheverhältnisse, Eintritt der Geschlechtsreife, Dauer der Jungenführung unbekannt. Bodennest im oder am seichten Wasser. Brutdauer 22–24 Tage. Die juv. sind mit 28–32 Tagen flugfähig.

Odinshühnchen

Phalaropus lobatus (L.)
(Abb. oben)

Thorshühnchen

Phalaropus fulicarius (L.)
(Abb. unten)

Diese Wassertreter sind gewandte Schwimmvögel, die korkenartig auf den Wellen tanzen. Bei diesen stark spezialisierten Watvögeln ist auch die Geschlechtsrolle umgekehrt: Die ♀♀ sind bunter, werben um die ♂♂ und überlassen ihnen das Brutgeschäft. Lappenfüße. Höchstens starengroß. – **Merkmale:** Brutkleid Odinshühnchen: ♀ oberseits schwarz mit wenig hellbraun, ♂ schwarzbraun mit meist gelben Federrändern; Kinn, Kehle, Bauch weiß, Vorderbrust und Halsseiten auf grauem (♀) bzw. graubraunem (♂) Grund mit rostfarbenem Latz. Backen dunkelgrau. Schnabel schwarz. – Brutkleid Thorshühnchen: Weiße Backen, kastanienbraune Unterseite und Hals. ♂ mit braun gescheckter, ♀ mit schwarzer Kopfplatte. Schnabel gelb mit schwarzer Spitze. Rücken schwarzbraun mit hell rostbraunen Federsäumen. ♂ im Ganzen blasser. – Die grau-weißen Ruhekleider weichen völlig von den Brutkleidern ab. Bei beiden Arten Schnabel schwarz, der des Odinshühnchens ist jedoch nadelfein und länger. Stirn weiß. Markanter schwarzer Augenfleck-Ohrstreifen. Oberkopf grau (Odinshühnchen) bzw. weiß (Thorshühnchen). Weiter unterscheidbar an der einfarbig hellgrauen Oberseite des Thorshühnchens und der dunkel-schiefergrauen, dazu noch durch weiße Federsäume konturierten des Odinshühnchens. Junge Odinshühnchen oberseits mit rostbraunen Federsäumen. – **Vorkommen:** Odinshühnchen: Brütet auf Gewässern in den Tundren der Nordhalbkugel. Überwintert auf den tropischen Meeren. DZ in geringer Zahl (V–VI, VII–XI, max. VIII/IX). – Thorshühnchen: Brütet in Wassernähe in der Arktis, zirkumpolar. Überwintert auf den Meeren der Südhalbkugel. Sehr seltener DZ, vor allem an der Küste. – **Nahrung:** Am Brutplatz und auf dem Durchzug Insekten, Krebschen, ferner Spinnen, Mollusken und beim Thorshühnchen Fischchen. Nahrung auf den Meeren unbekannt. – **Fortpflanzung:** Kurze Einehe bis zur Eiablage, ♀ oftmals dann zweites ♂ für eine zweite Brut nehmend. ♂ verpaart sich bei Gelegeverlust sofort wieder. Bodennester. Brutdauer Od. 17–21, Th. 18–19 Tage. Führungszeit Od. 2 Wochen, flugfähig nach 18–20 Tagen; Th. bis zum Flüggewerden mit 16–18 Tagen. Das ♂ führt die juv.

Triel

Burhinus oedicnemus (L.)

Merkmale: Ein äußerst scheuer, heimlicher, gelbbrauner Vogel mit riesigen gelben Augen und dicken, gelben Laufbeinen. Ringeltaubengroß. Kopf groß und breit. Schnabel kräftig, gelb mit schwarzer Spitze. 2 helle Flügelbinden, Hinterflügel schwarzbraun. Gefieder dunkelbraun gestrichelt. Dämmerungs- und nachtaktiv. – **Vorkommen:** In Steppen und Halbwüsten, Dünen, Ödland. Von Mitteleuropa bis zur Sahara, in West- und Südasien. In Mitteleuropa brüten höchstens 100 Paare. Z. – **Nahrung:** Alle Bodentiere von Spinnen und Insekten bis zu Schlangen, Kröten, Vögeln und Mäusen. Bildet Gewölle. – **Fortpflanzung:** Saisonehe. Geschlechtsreif mit 2 Jahren. Freies Muldennest. Gelege 2 Eier. Brutdauer 24–26 Tage. Führungszeit mindestens 32 Tage, flugfähig mit 42 Tagen. 1–2 Jahresbruten.

Skua

Stercorarius skua (Brünn.)

Merkmale: Eine kompakte, schwarzbraune, große Raubmöwe. Kurzschwänzig. Artkennzeichnend ist der weiße Spiegel in den Handschwingen. Der starke Schnabel und die Beine sind schwarz. Bei juv. Gefieder kontrastlos. – **Verwechslung:** Mit jungen Mantel-, Silber- und Heringsmöwen im 1. Winter, die jedoch niemals schwarze Beine haben sowie generell heller braun sind. – **Vorkommen:** Brutvogel Islands, Orkneys, Shetlands, Schottlands, Chiles und Patagoniens sowie der kalten Inseln der südlichen Ozeane. Sehr seltener W (IX–I) an der Küste. – **Nahrung:** Eier und Junge von Seevögeln. Parasitiert Seevögel und jagt ihnen die Fische ab. Schlägt kleinere Meeresvögel, frißt Tintenfische, Aas. – **Fortpflanzung:** Langjährige Ehe, wenn das erste Ehejahr gut überstanden wurde. Geschlechtsreif im 3. bzw. 4. Lebensjahr. Koloniebrüter, Bodennest in Gras, Moos. Gelege 2 Eier. Brutdauer 28–30 Tage. Nesthocker 6–7 Wochen lang.

Schmarotzerraubmöwe

Stercorarius parasiticus (L.)

Merkmale: Lachmöwengroß. Die mittleren Steuerfedern sind spitz ca. 10 cm verlängert und ragen gabelig über das Schwanzende hinaus. Ein Flugvirtuose, dem Habicht vergleichbar. Beine schwarz. Es gibt zwei Farbphasen (und Übergänge), eine helle, rein weiße, bei der nur Oberkopf, Flügel und Oberseite braunschwarz und die Wangen gelblich sind sowie meist ein graubraunes Brustband vorkommt, und eine dunkle, die einfarbig schwarzbraun ist. Juv. einfarbig dunkelbraun, vor allem unterseits dicht gebändert, mit weißem Handschwingenfeld. Da die Spieße noch nicht entwickelt sind, sind sie von juv. der Spatelraubmöwe *(St. pomarinus)* und der Falkenraubmöwe nicht zu unterscheiden. – **Verwechslung:** Mit der noch selteneren Spatelraubmöwe, die aber etwas größer ist und spatelförmige, gedrehte, verlängerte mittlere Steuerfedern hat. Ihr Flug ist schwerer. Mit der Falkenraubmöwe. Mit beiden, wenn die Spieße abgebrochen sind. – **Vorkommen:** Arktische Moortundra der Nordhalbkugel, überwintert an Küsten der Südhalbkugel. Seltener DZ (VII–X) und W an der Küste. – **Nahrung:** Jagt Seevögeln die Beute ab. Am Brutplatz Singvögel, Aas und Lemminge. – **Fortpflanzung:** Saisonehe. Eintritt der Geschlechtsreife mit (3) 4–5 Jahren. Bodennest. Gelege 2 Eier. Brutdauer 25–28 Tage. Flugfähig mit 27–33 Tagen, die Eltern führen weitere 2–3 Wochen.

Falkenraubmöwe

Stercorarius longicaudus Vieill.

Merkmale: Die kleinste Raubmöwe, mit extrem verlängerten, mittleren zwei Steuerfedern. Die flatternden Spieße sind bis 25 cm länger als der Schwanz. Oberkopf schwarz, Oberseite einfarbig mittelbraun, Unterseite weiß, Bauch aschgrau überzogen. Juv. ununterscheidbar von Schmarotzer- und Spatelraubmöwe (s. o.). – **Verwechslung:** Mit der Schmarotzerraubmöwe. – **Vorkommen:** Arktische Gebirgstundra, zirkumpolar. Überwintert irgendwo im Süden. Seltener DZ (VII–X) an der Küste. – **Nahrung:** Jagt mitunter Seevögeln die Beute ab. Am Brutplatz Lemminge, Aas, Singvögel. – **Fortpflanzung:** Eheverhältnisse, Eintritt der Geschlechtsreife unbekannt. Bodennest. Gelege (1) 2 Eier. Brutdauer 23–25 Tage. Juv. flügge mit 30–33 Tagen, Führungszeit länger.

Mantelmöwe

Larus marinus L.

Merkmale: Fast gänsegroß und (meist) wesentlich größer als Herings- und Silbermöwe. Kräftiger Schnabel. Artkennzeichnend die Kombination von (grau) fleischfarbenen Beinen mit schwarzem Mantel. Im Ruhekleid Kopf und Genick bräunlichgrau gestrichelt. Die braunen juv. sind schwer von denen der Herings- und Silbermöwe zu unterscheiden: Im 1. Winterkleid (= WK) Federn der Oberseite weißlich gesäumt und Schwanz weiß mit breiter schwarzbrauner Endbinde und einigen schmalen Vorbinden. Schnabel fleischfarben/schwarz. Unterseite hell. Im 2. WK Kopf und Nacken weißgrau, leicht gestreift, Schwanz weiß mit schmaler schwarzbrauner Endbinde. Im 3. WK Gefieder wie ad., aber noch mit braunen Streifen im Mantel und Schnabel olivgelb mit schwarzer Spitze. – **Vorkommen:** Brutvogel der Küsten des Nordatlantik, der Ostsee. G, besonders im Winterhalbjahr und an den Küsten. – **Nahrung:** Allesfresser, beutet Seevogelkolonien aus. – **Fortpflanzung:** Dauerehe, »Scheidung« möglich. Geschlechtsreif mit 4 Jahren. Einzel- und Koloniebrüter. Großes Bodennest. Gelege 2–3 Eier. Brutdauer 26–28 Tage. Platzhocker, Eltern füttern ca. 50 Tage, flugfähig mit 8 Wochen.

Heringsmöwe

Larus fuscus L.

Merkmale: Bussardgroß. Kleiner als Mantelmöwe und mit gelben anstatt fleischfarbenen Beinen. Mantel schwarz (skandinavische Rasse) bzw. dunkel schiefergrau (westeuropäische Rasse). Auge blaß schwefelgelb. Im Ruhekleid Kopf, Hinterhals dunkelbraun längsgefleckt. Die braunen juv. im 1. Winterkleid von gleichaltrigen Silbermöwen nicht, im 2.–4. Winterkleid gut zu unterscheiden. Beine fleischfarben, was insbesondere im 3. und 4. WK mit Mantelmöwen verwechseln läßt. – **Vorkommen:** Brutvogel Europas, Nordafrikas. In Mitteleuropa wenige auf den friesischen Inseln; sonst DZ und G an der Küste, nicht selten. Z, überwintert in Afrika südlich der Sahara und in Südwest-Asien, selten bei uns. – **Nahrung:** Stoßtauchen nach Fischen, daneben Allesfresser auf See und am Strand. – **Fortpflanzung:** Dauerehe, »Scheidung« möglich. Geschlechtsreif mit 3–5 Jahren. Koloniebrüter. Bodennest. Gelege 2–3 Eier. Brutdauer 24–28 Tage. Platzhocker, flügge mit etwa 32 Tagen.

Silbermöwe

Larus argentatus Pont.

(Abb. oben ad., Brutkleid, unten links juv., unten rechts Ruhekleid)

Merkmale: Bussardgroß. Beine fleischfarben (unsere Rasse) oder gelb (Mittelmeerrasse und osteuropäische Rasse). Mantel hell blaugrau (»möwenblau«) mit schwarzen Handschwingen; wie bei Herings-, Mantel- und Sturmmöwe weiße Fenster an den Spitzen. Im Ruhekleid Kopf, Hals graubraun längsgefleckt, bei den gelbfüßigen des Mittelmeeres aber reinweiß bleibend! Auge blaßgelb. Juv. im 1. Winterkleid (= WK) nicht von gleichaltrigen Heringsmöwen zu unterscheiden: Schnabel schwarz (mit fleischfarbener Wurzel), Gefieder braun mit hellbraunen Federsäumen oberseits; Handschwingen, Schwanz dunkelbraun. Beine dunkelfleischfarben. Auge braun. Im 2. WK unterscheidbar: Silbermöwe mit möwengrauem Rücken, unterseits heller, sonst wie im 1. WK. Auge heller. Heringsmöwe bleibt hingegen oberseits schwarz/braun, Kopf, Unterseite weitgehend weiß, Brust, Flanken braun gefleckt; Schnabel braungelb mit schwarzer Spitze; Auge hellbraun; Beine gelb werdend. Im 3. WK beide fast wie ad. Silbermöwe noch mit braunen Streifen im etwas dunklerem Mantel, Schwanz weiß mit meist unterbrochener schwarzbrauner Endbinde; Kopf, Unterseite weiß mit grauer Strichelung; Schnabel gelblich olivbraun bis schwefelgelb, hinter den Nasenlöchern hornbraunes Band. Bei der Heringsmöwe ebenfalls noch braune Streifen im schwarzen bzw. schiefergrauen Mantel, Schwanzende braun marmoriert, Brust, Flanken mitunter leicht gefleckt. Im 4. WK bei beiden Arten evtl. noch einzelne Schwanzfedern dunkel marmoriert, Schnabel etwas fahler, aber meist mit rotem Unterschnabelfleck. Bei Heringsmöwe Beine mitunter noch fleischfarben, obwohl die Mehrzahl schon im 3. WK blaßgelbe Beine hat. – **Vorkommen:** Brutvogel Europas, Nordasiens, Nordamerikas. Häufig an der Nordseeküste, einzelne am Unterlauf großer Flüsse. St, W aus Nordosten hinzukommend. – **Nahrung:** Allesfresser, Hauptnahrung aber Herzmuschel und Strandkrabbe. Im Winter an Müllplätzen, Fischfabriken. – **Fortpflanzung:** Dauerehe, »Scheidung« möglich. Geschlechtsreif mit 3–5 Jahren. Koloniebrüter. Bodennest. Gelege 3 Eier. Brutdauer 25–27 Tage. Platzhocker, flügge mit 6–8 Wochen, selbständig mit 8–9 Wochen.

Eismöwe

Larus hyperboreus Gunn.

(Abb. oben Brutkleid, unten juv. im ersten Winterkleid)

Merkmale: Mantelmöwengroß. Mantel hellgrau, Handschwingen ohne Schwarz, weißspitzig. Beine fleischfarben, selten grau, Auge hellgelb, Schnabel wie bei den anderen Großmöwen (S. 118–121) gelb mit rotem Fleck. Im Ruhekleid Kopf, Hals und Brust graubraun gestreift. Jungvögel im 1. Winterkleid hell rahmbraun mit ebensolchen Handschwingen; Gefieder fein braun gestrichelt. Schwanz ebenso. Auge schwarzbraun, Beine fleischfarben. Schnabel hell fleischfarben, mit schwarzer Spitze. Im 2. WK fast rein weiß erscheinend. In der Nähe ist die sparsame Braunstreifung sowie die oft beige Tönung der Unterseite erkennbar. Auge hell graugrün oder gelblichweiß oder braun. Schnabel wie im 1. WK. Im 3. WK wie ad., aber mit rahmbraunen Streifen im Mantel, einigen braunen Streifen auf Schwanz, Unterseite. Schnabel gräulich bis gelblich hornfarben, diffuses schwarzes Band vorne. Im 4. WK Schnabel wie ad., mit dunklem oder dunkel und rot gemischtem Fleck; einige braune Flekken im Gefieder erhalten. – **Verwechslung:** Mit der knapp silbermöwengroßen, extrem seltenen Polarmöwe *(Larus glaucoides),* die einen hakenlosen Schnabel hat, deren Flügel in Ruhestellung weit über das Schwanzende hinausragen und deren Beine dunkel fleischfarben sind. Ihre Jugendkleider wie Eismöwe, aber im 1. WK erreicht das Schwarz der Schnabelspitze das Nasenloch, der übrige Schnabel ist dunkel bräunlichgrau. Polarmöwe im 3. WK Schnabel hellgrau bis hell gelblichgrau mit schmalem schwarzen Band vorne. – **Vorkommen:** Brutvogel der Arktis, zirkumpolar. W in geringer Zahl (IX–IV) an der Küste. – **Nahrung:** Allesfresser. Zur Brutzeit kleine Vögel und Jungvögel, Lemminge. Aas, Mollusken, Krebse, Fische. – **Fortpflanzung:** Wahrscheinlich Dauerehe. Geschlechtsreif mit 3–5 Jahren. Einzel- und Koloniebrüter auf Klippen und in hohen Steilwänden; in Seevogelkolonien immer in den oberen Etagen. Kompaktes Nest. Gelege 2–3 Eier. Brutdauer 27–28 Tage. Führungszeit unbekannt.

Sturmmöwe

Larus canus L.

Merkmale: Eine mittelgroße, weiße Möwe ohne besondere Abzeichen. Arttypisch sind gelbgrüne Beine und Schnabel (ohne roten Fleck). Im Ruhekleid Oberkopf und Nacken mit graubraunen Strichen. Junge wie alle jungen Großmöwen dunkelbraun gefärbt; arttypisch sind weißer Schwanz mit breiter, schwarzer Endbinde, gelblich-fleischfarbener Schnabel mit brauner Spitze und bläulich-fleischfarbene Beine. Unterseite weißlich. – **Vorkommen:** Brutvogel der kühlen Zonen der Nordhalbkugel. Nach der Lachmöwe die nächsthäufige Binnenlandmöwe, aber vornehmlich ein Küstenvogel. Macht in Städten den Winter über 3% der anwesenden Möwen aus. JZ. – **Nahrung:** Alle Arten von Bodentieren bis zur Größe von Wühlmäusen, Fröschen und Jungvögeln. Aas, menschliche Abfälle. – **Fortpflanzung:** Saisonehe. Geschlechtsreif mit 3 Jahren. Koloniebrüter mit Bevorzugung des westlichen Ostseeraumes. Siedelt jetzt auch im Binnenland in Mooren und Brachland. Bodennest mit 2–3 Eiern. Brutdauer 24–29 Tage. Führungszeit bis zum Flüggewerden 5 Wochen.

Schwarzkopfmöwe

Larus melanocephalus Temm.

Merkmale: Lachmöwengroß, im Brutkleid schwarzköpfig, Schwingen rein weiß. Beine blutrot, bei Einjährigen rötlichbraun, bei 2jährigen blaßrot oder blutrot. Der hohe, kräftige Schnabel bei ad. einfarbig blutrot, bei 2- und 3jährigen mit schwarzer Binde, bei alten ♂♂ mit gelber Spitze. 2- und 3jährige haben zudem schwarze Flecken auf den weißen Handschwingen, sind sonst aber ad.-farbig. Im Ruhekleid wie Lachmöwen ohne Kappe. Juv. wie juv. Lachmöwe, aber schwarze Handschwingen (kein weißes Dreieck), schwärzlicher Augenstreif bis zum Ohr, schwarzweiße Jalousiestreifung auf Hinterflügel, die Oberseitenzeichnung ist bräunlich-dunkelgrau (nicht rotbräunlich); unterseits weiß, schwarze Schwanzendbinde. – **Vorkommen:** Brutvogel an Salzwasser-Flachküsten des Balkans, Südrußlands, Kleinasiens. Wärmeliebend. Einzelbruten in Mitteleuropa in Lachmöwen-Kolonien. – **Nahrung:** Insekten, Mollusken, Fischchen. – **Fortpflanzung:** Eheverhältnisse, Jungenführung unbekannt. Geschlechtsreif mit 2–3 Jahren. Koloniebrüter. Bodennest. Gelege 3 Eier. Brutdauer ca. 23–24 Tage.

Lachmöwe

(Abb. oben Brutkleid, unten Ruhekleid)

Larus ridibundus L.

Die geringe Scheu und die große Anpassungsfähigkeit der Lachmöwe haben ihr seit 1902 ermöglicht, die besonderen Nahrungsquellen unserer Städte – schwimmende Abfälle und fütterungswillige Menschen – in steigendem Umfange allwinterlich zu nutzen. Seither ist sie vertrauter und häufiger Wintergast unserer Städte, und 97% aller Stadtmöwen sind Lachmöwen. – **Merkmale:** Eine typische weiße Möwe mit schwarzen Flügelspitzen und artkennzeichnendem, weißen Flügelvorderrand im Fluge. Im Ruhekleid weiß mit dunklem Hinterohrfleck, im Brutkleid Kopf schokoladenbraun mit weißem Augenring. Schnabel und Beine tiefrot. Jungvögel zeigen eine braune Fleckung des Flügels und Hinterkopfes und eine schwarze Schwanzendbinde. Schnabel dunkel, Beine fleischfarben. – **Vorkommen:** Brutvogel nahrungsreicher Binnengewässer von Island bis Kamtschatka. Außerhalb der Brutzeit an allen Gewässern, an der Küste und in Städten. JZ. – **Nahrung:** Kleintiere aller Art, Mäuse, menschliche Abfälle. – **Fortpflanzung:** Saisonehe. Geschlechtsreif mit 3 Jahren. Koloniebrüter auf geschützten Inseln. Bodennest mit meist 3 Eiern. Brutdauer 21–27, Nestlingszeit 2–3 Tage, mit 5 Wochen flügge.

Möwen und Seeschwalben – Lari

(S. 114–137)

Die Unterordnung der Möwenvögel, in diesem Buch mit 19 Arten vertreten, ist eine recht einheitliche Gruppe meist mittelgroßer bis großer, in ihrer Ernährung ursprünglich an Wasser und Küstenzonen gebundener, fleischfressender Vögel. Zwischen den Zehen tragen sie Schwimmhäute. Die Verwandtschaft zu den Schnepfenvögeln zeigt sich am augenfälligsten an den offenen Bodennestern, den braunen »Kiebitzeiern« und ihren Dunenjungen. Da sie überwiegend in Kolonien brüten, sind jedoch ihre Dunenjungen meist sekundär von Nestflüchtern zu Platzhockern geworden.

Hier werden drei Familien vorgestellt: Raubmöwen (Stercorariidae), Möwen (Laridae) und Seeschwalben (Sternidae). Seeschwalben sind mit ihren langen, spitzen Flügeln, dem schlanken Körper und dem gegabelten Schwanz geborene Flieger. Sie ernähren sich überwiegend von Fischen, die sie stoßtauchend fangen.

Zwergmöwe

Larus minutus Pall.

Merkmale: Eine kleine Möwe mit schwarzen statt weißen Unterflügeln. Flügel oben ohne Schwarz. Kopf im Brutkleid (IV–VIII) schwarz, Schnabel dunkelrot. Im Ruhekleid (VIII–III) Kopf weiß, Scheitel, Ohrgegend schwarzgrau, Schnabel schwärzlich. Juv. mit weißen Unterflügeln, schwarzer Schwanzendbinde, aber von juv. Lachmöwen unterschieden durch das M-förmige Band auf Flügel und Rücken, das Braun abgrenzend. Im 1. Sommerkleid (IV–VIII) schwarze Kappe weiß untermischt, Unterflügel noch weiß (!), schwarze Schwanzendbinde, etwas Braun im Flügel. – **Verwechslung:** Ad. mit Lachmöwe, diese aber mit schwarzen Schwingen-Enden, weißen Flügelbug und Unterflügeln. Juv. mit juv. Dreizehenmöwen. – **Vorkommen:** Brutvogel Hollands, Osteuropas, Sibiriens. DZ, G. – **Nahrung:** Insekten; ferner Krebschen, Mollusken, Fischchen. – **Fortpflanzung:** Saisonehe. Geschlechtsreif mit 3 Jahren. Koloniebrüter. Bodennest mit 2–3 Eiern. Brutdauer 23–28 Tage. Führungszeit bis zum Flüggewerden 21–24 Tage.

Dreizehenmöwe

Rissa tridactyla (L.)

Merkmale: Eine mittelgroße Hochseemöwe mit schwarzen Beinen und gelbem Schnabel. Auge dunkelbraun. Schwarze Flügelspitzen ohne weiße Fenster. Im Ruhekleid mit grauen »Ohrschützern« und grauem Hinterscheitel. Juv. oberseits grau mit M-förmigem, schwarzbraunem Band im Flügel, schmaler schwarzer Nackenbinde, braunschwarzer Schwanzendbinde, unterseits weiß, Schnabel schwarz. Im 1. Sommerkleid Schnabel grüngelb mit brauner Spitze, Beine braun. Gefieder intermediär, Schwanz weiß, dunkelgraues Nackenband. – **Verwechslung:** Juv. mit juv. Zwergmöwe, doch diese mit braunen Vorderflügeln und Rücken und ohne das scharf abgesetzte, schwarze Nackenband, auch wesentlich kleiner. – **Vorkommen:** Brutvogel der steilen Felsküsten der kalten und arktischen Meere. Brutvogel auf Helgoland. G, Küste. – **Nahrung:** Auf den Meeren pelagische Tiere, vor allem Krebse, fischend. – **Fortpflanzung:** Dauerehe, »Scheidungen« kommen vor. Geschlechtsreif mit 3–5 Jahren. Brütet an Steilfelsen und an Gebäuden in Kolonien, bis zu 250000 Paaren stark. Solides Nest mit 2–3 Eiern. Brutdauer 27–28 Tage. Nesthocker, flügge mit rund 1 Monat.

Trauerseeschwalbe

Chlidonias nigra L.

Merkmale: Amselgroß, schlank; lange, spitze Flügel oberseits dunkelgrau, unterseits hellgrau (Brutkleid) oder weiß (Ruhekleid). Schnabel schwarz, Beine schwarzrot. Im Brutkleid (III–VIII) beim ♂ Körper, Kopf schwarz, Unterschwanzdecken weiß. ♀ heller, oberseits bläulichgrau, unterseits schiefergrau. Die Mauser ins Ruhekleid beginnt bereits im Juni: weißfleckige Gesichter. Im Ruhekleid (IX–III) Kopf, Körper weiß, aber mit großem schwarzem Nacken-, Ohren-, Vorderflankenfleck. Oberseits grau. Juv. wie Ruhekleid, oberseits dunkelbraun, Beine bräunlich-fleischfarben. 1. Sommerkleid wie Ruhekleid. – **Verwechslung:** Mit der seltenen Weißflügelseeschwalbe *(Ch. leucopterus),* bei der aber Flügel, Schwanz weiß, Unterflügel schwarz sind. Im Ruhekleid nur Nacken schwarz. DZ. – **Vorkommen:** Brutvogel auf Süßwasser des gemäßigten Eurasiens, Nordamerikas. In Mitteleuropa selten. Z, überwintert im tropischen Afrika. – **Nahrung:** Insekten; etwas Würmer, Kaulquappen. – **Fortpflanzung:** Saisonehe. Geschlechtsreif mit 2 Jahren. Koloniebrüter. Schwimmnest in Wasserpflanzenrasen. Gelege 2–3 Eier. Brutdauer 20–23 Tage. Flügge mit 3 Wochen, Führungszeit wesentlich länger.

Raubseeschwalbe

Hydroprogne caspia (Pall.)

Merkmale: Kräftig, fast silbermöwengroß. Der gewaltige Schnabel rot mit brauner Binde, Beine schwarz. Im Ruhekleid (ab VII–I/III) Stirn weiß. Scheitel weißpunktig/schwarz. Juv. wie ad. Ruhekleid, oberseits braun gefleckt, Schwanzende braun. Schnabel orange, Spitze braun. – **Vorkommen:** Brütet an salzigen Binnengewässern, Sandküsten, Schären; zerstreut, aber fast weltweit. Z, überwintert in Afrika, Südasien. – **Nahrung:** Jagt stoßtauchend (10 cm lange) Fische. Zur Brutzeit gelegentlich Jungvögel und Eier. Bildet Gewölle. – **Fortpflanzung:** Dauerehe wahrscheinlich. Geschlechtsreif ab 3 Jahren. Einzel- und Koloniebrüter. Muldennest auf Inseln und Strand. Gelege 2–3 Eier. Brutdauer 20–25 Tage. Flügge mit 5 Wochen, Familie hält länger zusammen.

Lachseeschwalbe

Gelochelidon nilotica Gmel.

Merkmale: Lachmöwengroß, gedrungen, Schwanz schwach gegabelt. Schnabel und Beine schwarz. Im Ruhekleid (VII–III/IV) oberseits fast weiß, auch Nacken weiß mit zerstreuten schwarzen Punkten, Ohrfleck schwarzgrau. Juv. oberseits hellgrau, Rücken braun gestrichelt, Flügel und Schwanzende mit wenigen braunen Tupfen. Scheitel, Auge-Ohrgegend bräunlich, Stirn weißlich. Schnabel, Beine rötlichbraun. 1. Sommerkleid wie ad. Brutkleid, doch Federspitzen der schwarzen Kappe weiß. – **Verwechslung:** Mit Brandseeschwalbe, die aber schlanker, kleiner ist und gelbe Schnabelspitze hat; deren juv. auch auf Flügeln und stark gegabeltem Schwanz kräftig braun gestreift. – **Vorkommen:** Zerstreut und fast weltweit. In Europa nur noch 2500 Brutpaare. Unsteter Brutvogel der Nordseeküste, DZ, Z, überwintert in den Grassteppen Afrikas. – **Nahrung:** Flugjäger über Land: Insekten, Kleinsäuger, Jungvögel, Frösche, Eidechsen. – **Fortpflanzung:** Eheverhältnisse unbekannt. Geschlechtsreif mit 4–5 Jahren. Koloniebrüter. Gelege 2–3 Eier. Brutdauer 22–23 Tage. Nestflüchter. Flügge mit 35 Tagen, Familie zieht gemeinsam ins Winterquartier.

Brandseeschwalbe

Sterna sandvicensis Lath.

Merkmale: Ebenfalls lachmöwengroß, schlank, Schwanz tief gegabelt. Schnabel und Beine schwarz, Schnabel aber mit gelber Spitze. Nackenschopf! Im Ruhekleid (ab VI–III) Stirn weiß, Kappe weißgrau, schwarz gesprenkelt, Auge-Ohrgegend grau. Bei juv. Rücken, Flügeldecken, Schwanz dicht schwarzbraun auf Hellgrau gestreift, Kopfkappe schwarz mit gelbbraunen Säumen, Schnabel ohne gelbe Spitze. 1. Sommerkleid wie ad. Ruhekleid. – **Verwechslung:** Mit Lachseeschwalbe, vor allem die juv., doch Ausdehnung und Intensität des Brauns auf Flügel und Schwanz eindeutige Kennzeichen. – **Vorkommen:** Fischreiche Meeresküsten mit klarem Wasser, Nordwesteuropa, Südost-USA, Schwarzes Meer, Kaspisee, Tunesien. Z, überwintert an den Küsten der Tropen und Subtropen. – **Nahrung:** Stoßtauchen nach Fischen. – **Fortpflanzung:** Saisonehe die Regel. Geschlechtsreif mit 3 Jahren. Koloniebrüter. Muldennest auf Sand, Kurzgras, Steinboden. Gelege 1–2 (3) Eier. Brutdauer 20–24 Tage. Flügge mit 35 Tagen, Familie bleibt länger zusammen.

Flußseeschwalbe

Sterna hirundo L.

Merkmale: Fluß- und Küstenseeschwalbe sind leicht verwechselbar. Die Flußseeschwalbe hat aber längere rote Beine, ihre Schwanzspieße ragen im Sitzen nicht über die Spitzen der Flügel hinaus. Im Fluge wirkt die Oberseite grauer, die Flügel nicht durchscheinend. Im Brutkleid Schnabel orangerot mit schwarzer Spitze, im Ruhekleid schwärzlich mit roter Wurzel, zudem Stirn weiß. Juv. ähnlich Ruhekleid, Rücken, Schultern braun gebändert. Im 1. Sommerkleid wie Ruhekleid, mit schwarzem Schnabel. – **Verwechslung:** Juv. von juv. Küstenseeschwalben nicht unterscheidbar. – **Vorkommen:** Brutvogel des gemäßigten Eurasiens und Nordamerikas. Brutvogel an Nord- und Ostsee und am Süßwasser. Z, überwintert an südlichen Küsten bis Kapstadt, Patagonien, Australien. – **Nahrung:** Stoßtauchen nach Fischchen, Krebsen. – **Fortpflanzung:** Saisonehe. Geschlechtsreif mit 2 Jahren. Einzel- und Koloniebrüter. Muldennest auf Sand, Kies, Kurzgras. Gelege 2–3 Eier. Brutdauer 21–30 Tage. Flügge mit etwa 4 Wochen, Familie hält länger zusammen.

Küstenseeschwalbe

Sterna paradisaea Pont.

Merkmale: Küsten- und Flußseeschwalbe sind leicht verwechselbar. Die Küstenseeschwalbe hat aber einen blutroten Schnabel ohne schwarze Spitze (nur wenige haben sie im Frühjahr), kürzere rote Beine, ihre Schwanzspieße überragen im Sitzen die gefalteten Flügelspitzen. Im Ruhekleid Beine, Schnabel schwärzlich, Stirn weiß. Im Fluge wirken die Flügel durchscheinend. Juv. nicht von juv. Flußseeschwalben unterscheidbar; im 1. Sommer und 2. Winter in den antarktischen Gewässern bleibend. – **Verwechslung:** Beide Arten mit der sehr seltenen Rosenseeschwalbe *(Sterna dougallii),* die im Brutkleid hohe rote Beine und schwarzen Schnabel mit roter Wurzel hat, fast weiß wirkt, mit sehr langen Schwanzspießen. – **Vorkommen:** Brutvogel der kalten und arktischen Nordhalbkugel. Brutvogel an Nord- und Ostsee. Z, Rekordwanderer; überwintert in den antarktischen Gewässern. – **Nahrung:** Stoßtauchen nach Fischchen, Krebsen, Kopffüßern. In der Antarktis Krill. – **Fortpflanzung:** Saisonehe. Geschlechtsreif mit 3 Jahren. Koloniebrüter in Küstennähe. Bodennest mit 2–3 Eiern. Brutdauer 20–22 Tage. Platzhokker, flügge mit 3–4 Wochen, Familie bleibt länger zusammen.

Zwergseeschwalbe

Sterna albifrons Pall.

Merkmale: Kleinste Seeschwalbe, mauerseglergroß. Im Brutkleid (IV–IX) die einzige Art mit weißer Stirn und schwarzem Zügel. Schnabel gelb, Spitze schwarz, Beine gelb. Äußere Handschwingen schwarz, gut kontrastierend. Im Ruhekleid (VIII–IV) Scheitel dunkelbraun/weiß, das Weiß der Stirn ausgedehnter, Schnabel schwarz, evtl. gelbe Wurzel. Juv. Stirn rahmfarben, Scheitel schwarz auf braun gestreift; Rücken, Schulter rahmfarben, schwarze Federsäume; Schwanz, Bürzel grau; Beine braungelb, Schnabel braun, gelbe Wurzel. Im 1. Sommerkleid ähnlich Ruhekleid, mit weißem Nackenring. – **Vorkommen:** Brutvogel sandiger Küsten, Binnengewässer, fast weltweit in gemäßigten und warmen Zonen. In Deutschland sehr durch Tourismus gefährdet, nur noch ca. 250 Brutpaare an den Meeresstränden. Z, überwintert an der Küste Westafrikas. – **Nahrung:** Stoßtauchen nach Fischen, Krebsen, fängt Insekten. – **Fortpflanzung:** Saisonehe als Regel. Geschlechtsreif mit 2–3 Jahren. Koloniebrüter. Muldennest auf Sandstrand. Gelege 2–3 Eier. Brutdauer 19–22 Tage. Flügge mit 19–22 Tagen, Familie bleibt länger zusammen.

Tordalk

Alca torda L.

Merkmale: Entengroß. Ein gedrungener, schwarz-weißer Alk mit hohem, klobigem Schnabel mit weißer Mittelbinde. Eine schmale, weiße Linie verläuft vom Oberschnabel zum Auge. Im Ruhekleid Kinn und Wangen ebenfalls weiß, weiße Oberschnabellinie fehlend. Juv. mit etwas kleinerem, rein schwarzen Schnabel. An Land aufrecht watschelnd. – **Verwechslung:** Der Schnabel der Lummen ist spitz, nicht hoch und rund. – **Vorkommen:** Brutvogel der Vogelfelsen des kalten Nordatlantik, der Ostsee. Brutvogel auf Helgoland. W, Küste. – **Nahrung:** Gewandter Unterwasserjäger auf Fische; Krebse. – **Fortpflanzung:** Dauerehe wahrscheinlich. Geschlechtsreif mit 2–3 Jahren. Koloniebrüter in kleinen Kolonien. Gelege 1 Ei; in Spalten, Nischen der Meeresfelsen auf blankem Boden. Brutdauer 32–39 Tage. Nesthocker. Ab 16.(–23.) Lebenstag segelt das Junge spätabends aufs Meer herab, wo die Eltern warten und es längere Zeit führen.

Trottellumme
Uria aalge (Pont.)

Merkmale: Stockentengroß. Ein schwarzbraun-weißer Alk mit spitzem Dolchschnabel ohne Abzeichen; Flanken gestreift. Im Ruhekleid (VIII/X–III) auch Kehle, Wangen weiß, mit schwarzer Linie vom Auge zum Ohr. Im hohen Norden gibt es eine Varietät, die Ringellumme, bei der dieser Strich und der Augenring weiß sind. Juv. wie ad. im Ruhekleid, Flanken kaum gestreift, mitunter bis Ende nächsten Sommers getragen. – **Verwechslung:** Die arktische Dickschnabellumme *(U. lomvia)* kommt bei uns praktisch nicht vor; diese mit weißem Längsstrich an der Schnabelwurzel und ungestreiften Flanken. – **Vorkommen:** Brutvogel hoher Felsenküsten der gemäßigten und kalten Nordmeere, Brutfelsen bis 400 m hoch! Brutvogel auf Helgoland. St. – **Nahrung:** Unterwasserjäger auf Fische, Krebse. – **Fortpflanzung:** Lebenslange Ehe. Geschlechtsreif mit (2–)3 Jahren. Koloniebrüter auf Felsenetagen. Gelege 1 Ei, auf nacktem Fels liegend. Brutdauer 28–36 Tage. Im Alter von 18–25 Tagen springen die juv. aufs Meer herab, wo die Eltern sie erwarten und sie längere Zeit führen.

Alken – Alcae

(ab S. 136)

Die Alken sind extrem ans Wasserleben angepaßte Verwandte der Schnepfen- und Möwenvögel. Ihr ungemein dichtes, isolierendes Gefieder ist hervorragend tarnfarbig: nach unten ins Wasser weiß, nach oben schwarz oder dunkelbraun. Unter Wasser mit den Flügeln schwimmend, die Füße mit den Schwimmhäuten dienen als Ruder. Alken ähneln durch gleichgerichtete Anpassung ans Leben unter Wasser Pinguinen, sind aber nicht mit ihnen verwandt. Sie vertreten sie ökologisch auf der Nordhalbkugel. Es sind Unterwasserjäger, die sich fast ausschließlich von Fischen und Krebsen ernähren. Bis auf die Brutzeit halten sie sich auf den Meeren, meist fernab vom Lande, auf. Die juv. sind Nesthocker.

Gryllteiste

Cepphus grylle (L.)

Merkmale: Taubengroß. Ein im Brutkleid (III–IX/X) schwarzer Schwimmvogel mit großem, weißem Flügelschild und lackroten Beinen. Fliegt rapide schwirrend. Im Ruhekleid (ca. IX/X–III) weiß mit hellgrauer Streifung auf Rücken, Schultern; Flügelschild wie Brutkleid; Scheitel, Hinterhals, offener Halsring grau. Juv. ähnlich Ruhekleid, aber grau durch dunkelgraubraun ersetzt, und das weiße Flügelschild braunschwarz quergestreift, unterseits dunkelbraun gebändert. Im 1. Sommerkleid ähnlich Ruhekleid, Kopf durch weiße Federn grau wirkend. – **Vorkommen:** Brutvogel arktischer und kalter Küsten der Nordhalbkugel. W auf Nord- und Ostsee, selten. – **Nahrung:** Unterwasserjäger auf Fische, Krebse. – **Fortpflanzung:** Lebenslange Ehe, »Scheidung« möglich. Geschlechtsreif mit 3 Jahren. Einzel- und Koloniebrüter. Höhlenbrüter, meist in Felsspalten, auch weiter landeinwärts. Gelege 2 Eier, auf nacktem Boden liegend. Brutdauer 21–30 Tage. Nesthocker, mit 36–40 Tagen ausfliegend. Sofort unabhängig von den Eltern.

Papageitaucher

Fratercula arctica L.

Merkmale: Der Harlekin unter unseren Seevögeln: aufrecht stehend, im »Frack«. Vor dem hellgrauen, schwarz gerahmten Gesicht sitzt der große, graublau, gelb und rot gefärbte Papageienschnabel. Die Höhe und die Anzahl der Rillen des Schnabels läßt das Alter erkennen: Einjährig keine oder eine, zwei- und dreijährig zwei, vier- und fünfjährig drei, über fünf Jahre alt vier Rillen. Im Ruhekleid (bis I/II) Schnabel durch Abwurf bunter Hornteile kleiner und schmaler, innerster Teil und Gesicht dunkelgrau. Bei juv. Schnabel halb so hoch, dunkelgraubraun. – **Vorkommen:** Brutvogel der gemäßigten bis arktischen Küsten des Nordatlantik. Seltener G an Nord- und Ostseeküste. – **Nahrung:** Unterwasserjäger auf Fische, selten anderes Meeresgetier. – **Fortpflanzung:** Eheverhältnisse unbekannt. Geschlechtsreif frühestens mit 3 Jahren. Koloniebrüter im Torf- und Erdreich der Küstenhänge. Gräbt die Bruthöhle mit langem Tunnel selbst, den Schnabel als »Axt« gebrauchend. Gelege 1 Ei. Brutdauer 40–43 Tage. Nesthocker, fliegt mit 38–51 Tagen spätabends aufs Meer hinab, nachdem die Eltern ihn ein paar Tage haben hungern lassen. Sofort unabhängig.

Abgebildete Vögel

Deutsche Namen

Wissenschaftliche Namen